最新装载机司机
培训教程

李波 主编

化学工业出版社
·北京·

本教程由国内知名的工程机械驾驶培训教练编写，总结了多年实际职业培训的要求、经验和方法编写而成，内容实用，可操作性强。本书主要教会装载机司机认识、了解装载机的整体结构，如何一步一步的学会驾驶操作机器，并逐步掌握熟练操作的技巧；同时还介绍了保养维护的基本知识和要求，以及必要的安全操作规程和安全注意事项。另外，该教程还介绍了新机型、新技术的理论及应用，使得读者既能操作普通机型又能操作最新机型。

　　本操作教程不仅适用于工程机械专业技术培训学校，也可供售后服务人员、维修人员自学参考。

图书在版编目（CIP）数据

最新装载机司机培训教程/李波主编. —北京：化学工业出版社，2015.1（2023.3重印）
　ISBN 978-7-122-22339-5

　Ⅰ.①最… Ⅱ.①李… Ⅲ.①装载机-操作-技术培训-教材　Ⅳ.①TH243.07

中国版本图书馆 CIP 数据核字（2014）第 268650 号

责任编辑：张兴辉　　　　　　　　文字编辑：张燕文
责任校对：吴　静　　　　　　　　装帧设计：王晓宇

出版发行：化学工业出版社（北京市东城区青年湖南街13号　邮政编码100011）
印　　装：北京虎彩文化传播有限公司
850mm×1168mm　1/32　印张10½　字数278千字
2023年3月北京第1版第10次印刷

购书咨询：010-64518888　　　　　　售后服务：010-64518899
网　　址：http://www.cip.com.cn
凡购买本书，如有缺损质量问题，本社销售中心负责调换。

定　　价：39.00元　　　　　　　　　　　版权所有　违者必究

前言

FOREWORD

近几年随着科学技术的快速发展，工程机械新技术、新产品的不断涌现，装载机也有了新一代的产品，确立了新的机械理论体系。为满足职业技术培训学校及企业工程机械驾驶培训的需要。我们在过去已编《装载机操作工培训教程》一书基础上，根据近年来装载机培训中反馈的信息，有针对性地改编了《最新装载机司机培训教程》一书。本书在原有基础理论技术的基础上，突出添加了新理论、新技术、新内容和新的操作方法。主要解决装载机驾驶员的实际操作能力，以及管理服务人员在装载机施工现场分析和解决问题的能力。

装载机司机培训教程是针对新一代装载机，电喷发动机理论技术、电脑控制以及电脑监控运用的操作，以了解认识装载机、会开装载机、熟练掌握施工操作技巧，最终成为一名既是操作高手，又会维护保养的合格驾驶员而编写的。

本教程按装载机培训的内容分为：装载机常识；装载机安全要求；装载机结构基础知识；装载机操作技术；装载机维护保养以及装载机故障诊断。在论述装载机操作过程中，必须掌握哪些理论知识（应知），需要具备哪些技能（必会），同时在完成这些技能时要注意哪些事项，及有哪些经验技巧可以供参考，通过这些内容的学习体现该教程做什么、学什么；学什么、用什么。使之体现出学以致用的最大特点。

本书由李波主编，朱永杰、李秋为副主编，李文强、徐文秀、马志梅等人参与编写。

由于编者水平有限，在编写过程中难免出现不足与纰漏之处，恳请广大读者批评指正。

编者

目录

CONTENTS

第1篇 装载机驾驶基础

第2篇　装载机构造原理

第5章

装载机电气系统

第6章

装载机工作装置

第3篇 装载机驾驶作业

第11章
装载机常见故障及排除方法

第1篇
装载机驾驶基础

第1章
装载机简介

　　装载机开始制造是在 20 世纪初，始于美国，后来逐步发展到英国、德国、意大利、日本等国家。最早期的装载机是在马拉农用拖拉机前部装上铲斗而成的。1920 年初，出现了自身带动力的装载机，铲斗装在两根垂直臂上，铲斗的举升和下降用钢丝绳来操纵。20 世纪 40 年代，装载机第一次结构上的大革命，带来了装载机的蓬勃发展。驾驶室从机器后部移至前部，从而增加了司机的视野；发动机移到机器后部，增加了装载机的稳定性；用柴油机代替汽油机，提高了机器工作的可靠性和安全性；液压代替钢丝绳控制铲斗，操纵轻便、灵活；采用四轮驱动，增大了牵引力，从而增加了插入力。

　　20 世纪 50 年代，装载机历史出现了第二次革命性大变化。1950 年出现第一台装有液力变矩器的轮式装载机，对装载机的发展有决定性作用，使装载机能够平稳地插入料堆并使工作速度加快，而且不会因为阻力增大而导致发动机熄火。

　　20 世纪 60 年代，装载机历史出现了第三次革命。1960 年出现第一台铰接式装载机，使转向性能大大改善，并增加了机动性和纵向平稳性。

　　20 世纪 70 年代和 80 年代，大型及特大型装载机出现了一些新技术、新结构，如卡特彼勒公司的 988B、992C 和克拉克公司的 475B、675 等大型轮式装载机出现了可变能容的变矩器等新技术，美国、日本等各主要装载机生产国及主要制造企业，在可靠性、舒适性、安全性及降低能耗、提高作业效率等方面做了大量工作，可靠性已完全过关，只要用户按操作维护保养手册去做，三年以内基本上没有故障，电子监控器等新技术得到了应用。

目前，世界上最大的装载机是美国勒图尔勒 L-2350，整机重262.2t，最大功率为 1715kW（2333 马力），铲斗容量为 40.5m^3（72.6t），如图 1-1 所示。

图 1-1　美国勒图尔勒 L-2350 装载机

目前最小的装载机重量只有 1t，如图 1-2 所示。

马力 /HP	重量 /kg	车速 /(km/h)	
		前进	后退
32	1160	0~21	0~21

图 1-2　微型装载机

目前世界上比较先进的装载机是液压操纵把式，它又一次开创了装载机的新时代，如图 1-3 所示。

1.1　装载机的型号和类型

1.1.1　装载机的用途和适用场合

装载机是一种具有较高作业效率的工程机械，主要用于对松散的堆积物料进行铲、装、运、挖等作业，也可以用来整理、刮平场

液压操作杆

图 1-3　液压操纵把式装载机

地以及进行牵引作业，换装相应的工作装置后，还可以进行挖土、起重以及装卸物料等作业。

　　装载机广泛用于城建、矿山、铁路、公路、水电、油田、国防以及机场建设等工程施工中，对加速工程进度、保证工程质量、改善劳动条件、提高工作效率以及降低施工成本等都具有极为重要的作用。

　　装载机总体结构如图 1-4 所示。

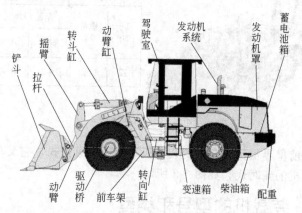

图 1-4　装载机总体结构

1.1.2　装载机型号的规定

　　装载机的型号编制方法说明如下。

（1）产品型号的构成

产品型号由企业标识、特征代号、产品类别代号、主参数代号、平台代号及换代号构成。

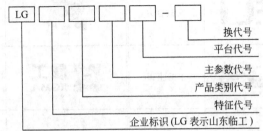

（2）特征代号

装载机特征代号见表 1-1。

表 1-1　装载机特征代号

产品类别	特征名称	特征代号	备注
铲土运输机械	铰接转向轮式装载机		
	履带式装载机	C	Crawl 爬行
	滑移转向轮式装载机	S	Slippage 滑移
压实机械	单钢轮振动压路机	S	Single 单
	双钢轮振动压路机	D	Double 双
	三钢轮静碾压路机	R	Roller 碾子

1.1.3　装载机品牌

装载机品牌见表 1-2。

表 1-2　装载机品牌

装载机品牌	生产厂家	装载机品牌	生产厂家
Linde	林德（中国）	LIUGONG 柳工	广西柳工

装载机品牌	生产厂家	装载机品牌	生产厂家
HELI	安徽合力	霸特尔	深圳霸特尔
TOYOTA 丰田叉车 BT	上海丰田	厦工 XGMA	厦工厦门
HC HANGCHA	杭叉股份	**SHANTUI**	山推
梅狮 无锡大隆	无锡大隆	MITSUBISHI FORKLIFT TRUCKS	三菱
HYSTER 海斯特 HYSTER	上海海斯特		大连
maximal 美科斯	浙江美科斯	FEELER	杭州友佳
DOOSAN	斗山(烟台)	JAC 江淮重工	江淮重工
TCM	日本 TCM	HYUNDAI 北京现代京诚工程机械有限公司	北京现代
un	浙江尤恩	山河智能	湖南山河智能

1.1.4 装载机的类型

装载机的类型很多，且分类方法也有所不同。如图 1-5 所示为装载机的类型代表。

图 1-5 装载机的类型代表

（1）按行走系统结构分类

① 轮胎式装载机 以轮胎式专用底盘作为行走机构，并配置工作装置及其操纵系统而构成的装载机。机动灵活、作业效率高；制造成本低、使用维护方便；轮胎还具有较好的缓冲、减振等功能，提高操作的舒适性。

② 履带式装载机 以履带式专用底盘或工业拖拉机作为行走机构，并配置工作装置及其操纵系统而构成的装载机。

（2）按发动机位置分类

① 发动机前置式 发动机置于操作者前方的装载机。

② 发动机后置式 发动机置于操作者后方的装载机。

目前，国产大中型装载机普遍采用发动机后置式的结构形式。

这是由于发动机后置，不但可以扩大司机的视野，而且后置式的发动机还可以兼作配重使用，以减轻装载机的整体装备质量。

（3）按转向方式分类

① 以轮式底盘的车轮作为转向的装载机　分为偏转前轮、偏转后轮和全轮转向三种。

缺点：整体式车架，机动灵活性差，一般不采用这种转向方式。

② 铰接转向式装载机　依靠轮式底盘的前轮、前车架及工作装置，绕前、后车架的铰接销水平摆动进行转向的装载机。

优点：转弯半径小，机动灵活，可以在狭小场地作业，目前最常用。

③ 滑移转向式装载机　依靠轮式底盘两侧的行走轮或履带式底盘两侧的驱动轮速度差实现转向。

优点：整机体积小，机动灵活，可以实现原地转向，可以在更为狭窄的场地作业，是近年来微型装载机采用的转向方式。

（4）按驱动方式分类

① 前轮驱动式　以行走结构的前轮作为驱动轮的装载机。

② 后轮驱动式　以行走结构的后轮作为驱动轮的装载机。

③ 全轮驱动式　行走结构的前、后轮都作为驱动轮的装载机。现代装载机多采用全轮驱动方式。

1.2　装载机结构组成

1.2.1　装载机整体结构组成

装载机因传动类型不同而有专用的部件。装载机无论动力源是汽油机还是柴油机，按传动类型均可分为机械传动、液力传动和静压传动。目前广泛使用的为机械传动和液力传动两种类型。液力传动装载机设有液力变矩器和动力换挡变速器，在装载机的总体布置上，这两个部件分别相当于机械传动装载机上的离合器和机械变速器。

内燃机动力装载机 ZL50G 结构组成如图 1-6 所示。

图 1-6 内燃机动力装载机 ZL50G 结构组成

1—铲斗；2—轮胎；3—动臂；4—摇臂；5—翻斗缸；6—前桥；7—动臂缸；
8—前车架；9—前传动轴；10—转向油缸；11—仪表盘；12—变速操纵杆；
13—方向盘；14—动臂缸操纵杆；15—翻斗缸操纵杆；16—驾驶室；
17—制动踏板；18—油门踏板；19—座椅；20—转向泵；21—工作泵；
22—变速箱；23—变矩器；24—后传动轴；25—机罩；26—柴油机；
27—后桥；28—后车架；29—散热器；30—配重；31—液压油箱；
a—钥匙开关；b—燃油箱；c—变矩器油温表；d—制动气压表；
e—发动机水温表；f—发动机油压表；g—积时表；
h—开关组；i—指示灯组

1.2.2 装载机主要装置

(1) 装载机动力装置

装载机的动力装置主要有汽油机、柴油机两种，统称为发动机，是将热能转换为机械能的机械。发动机产生的动力由曲轴输出，并通过传动装置驱动装载机行驶或驱动液压泵工作，完成铲取、装卸物料等作业。图 1-7 所示为装载机专用的柴油发动机结构。

(2) 装载机底盘

装载机底盘由传动系统、转向系统、制动系统、行驶系统四部

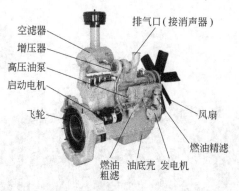

空滤器
增压器
高压油泵
启动电机
飞轮
排气口(接消声器)
风扇
燃油精滤
燃油粗滤 油底壳 发电机

图 1-7　柴油发动机结构

分组成（图 1-8），包括离合器、变速器、主传动器、差速器、半轴等部分。传动系统的作用是将发动机输出的动力传递给液压泵和驱动车轮，实现装载机的升降，倾斜和行驶。

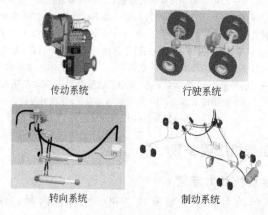

传动系统　　　　　行驶系统

转向系统　　　　　制动系统

图 1-8　装载机底盘

装载机的驱动路线：

动力源发动机→变矩器弹性板→变矩器泵轮→涡轮组旋转→
输出齿轮转动→超越离合器→变速箱太阳轮→变速箱各挡→
变速箱输出轴→前、后传动轴→前、后桥主传动→
前、后桥轮边→前、后轮胎→装载机行走

(3) **电气设备**

包括电源部分和用电部分。主要有蓄电池、发电机、启动电机、点火装置、照明装置和喇叭等（图1-9）。

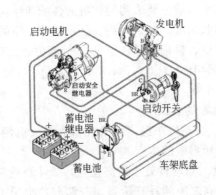

图 1-9　启动系统

随着装载机技术的发展以及用户使用要求的不断提高，平衡重式装载机目前还具有许多选件，如驾驶室、灭火器、各种属具、报警装置等，内燃装载机还可选空调等。

(4) **工作装置**

工作装置是装载机起升机构，也称起升系统或装卸系统。由机械部分和液压系统组成。工作装置又可分为门架式、平行连杆式和吊臂伸缩式三种，其中以门架式应用最广泛（图1-10、图1-11）。

图 1-10　工作装置起升系统

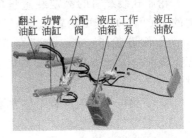

图 1-11　工作装置液压系统

1.3 装载机的主要技术参数

（1）整机主要性能参数

装载机的技术参数主要表明装载机的性能和结构特征，性能参数有卸载角、卸载高度、卸载距离、额定载荷、倾翻载荷、提升能力、铲斗额定容量、机重（操作重量）、掘起力、三项升降时间等。装载机的额定负荷有 0.4t、0.5t、1.0t、1.5t、2.0t、2.5t、3.0t、4.0t、5.0t、6.0t 等。

（2）性能参数的含义

① 卸载角　铲斗处于最高提升位置并最大前倾时，其底部平面与水平面之间所形成的角度。

② 卸载高度　当动臂处于最高位置，铲斗卸载角为 45°时，从地面到斗刃最低点之间的垂直距离。若卸载角小于 45°，则应注明卸载角度。

③ 卸载距离　当动臂处于最高位置，铲斗卸载角为 45°时，从装载机本体最前面点（包括轮胎或车架）到斗刃之间的水平距离。若卸载角小于 45°，则应注明卸载角度。

④ 额定载荷　指装载机在满足下列条件下，为保证所需的稳定性而规定铲斗内装载物料的重量。

a. 装载机配置基本型铲斗。

b. 装载机最高行驶速度：轮胎式不超过 15km/h。

c. 装载机在平坦硬实的地面上作业。

轮胎式装载机的额定载重量应是倾翻载荷的 50% 或是提升能力的 100%，取其中的较小值。

⑤ 倾翻载荷　指装载机在下列条件下，使装载机后轮离开地面而绕前轮与地面接触点向前倾翻时，在铲斗中装载物料的最小重量。

a. 装载机停在硬的较平整水平路面上。

b. 装载机带基本型铲斗。

c. 装载机为操作重量。

d. 轮胎按规定压力充气。

e. 动臂处于最大平伸位置，铲斗后倾。

f. 铰接式装载机处于最大偏转角位置（注明角度）。

⑥ 提升能力　指作用在载荷重心处，能被动臂油缸从地面连续地提升到最高位置的最大载荷。

⑦ 铲斗额定容量　为铲斗平装容量与堆尖部分体积之和。

⑧ 机重（操作重量）　空斗状态下的装载机，按规定注满冷却液、燃油、润滑油、液压油并包括工具、备件、司机（75kg）和其他附件等的整机重量。

⑨ 掘起力　装载机为操作重量，停在平坦、硬实的地面上，铲斗平放使斗底接近并平行于地面，变速箱挂空挡，发动机在最大供油位置，当转斗或提臂时，作用在斗刃后100mm处，使装载机后轮离地或液压系统安全阀打开的最大垂直向上力。

⑩ 三项升降时间　指铲斗提升、下降、卸载三项时间的总和。

(3) 性能参数举例

① 斗容　3.0m³

② 额定负荷　5000kg

③ 动臂提升时间　≤6.2s

④ 三项升降时间　≤11s

⑤ 各挡最高车速

前进Ⅰ挡　11km/h

前进Ⅱ挡　(38±2)km/h

倒挡　14km/h

⑥ 最大牵引力　(160±8)kN

⑦ 最大挖掘机力　(160±8)kN

⑧ 最大爬坡度　30°

⑨ 最小转弯半径

轮胎中心　5795mm

铲斗外侧　6775mm

⑩ 几何尺寸（图1-12）

车长（斗平放地面）　8060mm

车宽（车轮外侧）　2750mm

斗宽　2976mm

车高　3467mm

轮距　2150mm

最大卸载高度　3100mm

⑪ 自重（带驾驶室）　17400kg

⑫ 发动机参数

型号　康明斯 6CT8.3-C215

额定转速　2200r/min

最大转矩　872N·m(1500r/min)

标定工况燃油消耗率　233g/(kW·h)

燃油　10 号、0 号或－10 号轻柴油

⑬ 加油容量参数

燃油　280L

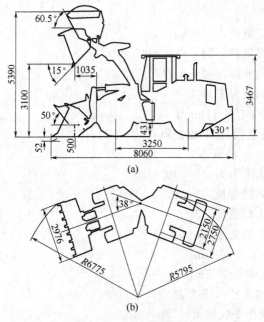

图 1-12　装载机性能参数示意

液压油　210L

曲轴箱　22L

变速箱系统　45L

桥（差速及行星系）

　前桥　36L

　后桥　36L

前、后加力器　4L

装载机性能参数示意如图 1-12 所示。

第2章
安全作业与驾驶员的基本要求

装载机作为一种机动灵活的搬运工具，在现代生活中的作用不可忽视，安全作业显得十分重要。装载机驾驶员要把安全驾驶操作放在首位，树立安全作业意识，自觉遵守装载机安全操作规程，熟练掌握驾驶操作技术，提高维护保养能力，使装载机处于良好的技术状态，确保驾驶作业中人身、车辆和货物安全。

2.1 装载机安全作业操作规程

装载机驾驶安全规程主要规定了驾驶员本身的安全、装载机机械的安全、装载机驾驶的安全和装载机作业方面的安全四个方面。具体规程要求如下。

2.1.1 对驾驶员自身的要求

① 驾驶员及有关人员在使用装载机之前，必须认真仔细地阅读制造企业随机提供的使用维护说明书或操作维护保养手册，按资料规定的事项去做。否则会带来严重后果和不必要的损失。

② 驾驶员的穿戴应符合安全要求，并穿戴必要的防护用品。

③ 在作业区域范围较小或危险区域，则必须在其范围内或危险点做出警告标志。

④ 绝对严禁驾驶员酒后或过度疲劳驾驶作业。

⑤ 在中心铰接区内进行维修或检查作业时，要装上"防转动杆"，以防止前、后车架相对转动。

⑥ 要在装载机停稳之后，在有蹬梯扶手的地方上下装载机，切勿在装载机作业或行走时跳上跳下。

⑦ 维修装载机需要举臂时，必须把举起的动臂垫牢，保证在任何维修情况下，动臂绝对不会落下。

2.1.2 驾驶装载机的要求

(1) 开车前对装载机的检查

① 发动机系统的检查

a. 检查散热器（冷却器）的水位、净化水箱水位的情况，若水位低，应及时加足。

b. 检查燃油箱内的油量是否充足。

c. 检查发动机油底壳的油量是否充足。

d. 检查各油管、水管、气管及各部分附件的密封性是否良好。

e. 检查蓄电池是否清洁、完好，接头是否紧固，以防止短路事故。

f. 检查发动机、启动电机的接线是否正确牢固。

g. 检查各照明灯、转向指示灯、喇叭、制动灯等电器仪表是否正常。

② 底盘部分的检查

a. 检查工作油箱的油量是否充足。

b. 检查液压系统所有管路及附件的密封性。

c. 检查脚制动、手制动是否可靠。

d. 检查各操纵杆是否灵活并放在空挡。

e. 轮胎气压是否正常（前轮 0.3～0.6MPa，后轮 0.28～0.30MPa）。

f. 检查各传动轴及万向节支撑螺栓，前、后桥固定螺栓，轮辋螺栓是否牢固。

g. 检查过桥箱、变速箱的油位。

h. 检查工作机构铰接点等油脂润滑是否正常。

（2）装载机驾驶操作规程

① 驾驶员操作规程

a. 不允许在无照明灯和无喇叭下行驶。

b. 转向机构和制动机构必须动作可靠，方可行驶。

c. 转向机构不得使机器在原地转向，否则会使轮胎过分磨损，在无特殊情况下，不得紧急刹车。

d. 严禁在斜坡道上停转柴油机滑行，若下坡有飞车现象发生时，应立即将装载机铲斗放在平道上拖行。

e. 严禁高举铲斗运行（一般铲斗离地 0.3～0.4m 即可）。

f. 工作中发现后轮抬起机身倾斜时，应立即将铲斗放下，并减少装载量或改变铲取条件。

g. 装载机在工作时，其周围 2m 内不得站人，尤其是不允许在靠近中央铰接处两侧站人。

h. 柴油机未停车时，司机不允许离开岗位。

i. 司机不允许湿手、油手驾驶。

j. 非司机不允许操作装载机，维修后试车也必须由司机进行。

k. 严禁用铲斗载人，严禁非司机坐在机器上。

l. 装载机转弯时，不得换向运行，待机身排直后再换向。

m. 运行中需要换向时，先刹车，待机器停后再换向。

n. 柴油机加大油门或减小油门时，要缓慢踏下或松开油门踏板，以免柴油机突然加速或减速。

o. 装载机运行中换挡时，要松开油门。

p. 一般不允许转弯铲取或转弯卸载。

q. 铲取时不得鲁莽或高速插入矿岩堆，要严防轮胎打滑。

r. 卸载时，装载机要停止行走，卸载速度不得太快，以免液压冲击。

s. 若发生轮胎爆裂时，应就地更换，不得开回检修室才更换。

② 装载机启动操作规程

a. 进行"开车前检查"，确认各部件均正常后才启动发动机。

b. 启动前应将变速杆、操纵杆置于中位，拉上手制动杆。

c. 合上电源总开关，微踩下油门踏板到 1/3。

d. 按下启动按钮，一次按下时间不得超过 10s，在 10s 内不能启动，应立即放开按钮。停约 30s 以上再进行第二次启动，若连续 3～4 次仍无法启动，则应检查原因后再启动。

e. 启动后急速运转（500～700r/min）不超过 2min 后逐步加大油门在 1200r/min 进行暖机，待水温达到 55℃，气压达到 0.45MPa 后，才能起步行驶。

f. 启动后应倾听发动机的声音是否正常，若启动电机的小齿轮未脱开，进、排气管漏气等就有异常声音，应立即停机处理。

③ 行驶操作规程

a. 观察仪表指示是否正常。

ⅰ. 机油压力表 0.15～0.46MPa 启动时可高达 0.6MPa。

ⅱ. 机油温度表 40～80℃，超过 85℃应停车。

ⅲ. 水温表 40～90℃，超过 95℃应停车。

ⅳ. 变速箱压力表 1.1～1.5MPa，低于 0.8MPa 应立即停车。

ⅴ. 变矩器油温表 40～95℃，超过 100℃应停车。

ⅵ. 气压表 0.45～0.8MPa，不得低于 0.45MPa。

ⅶ. 电流表不允许指示负值。

b. 在作业中若发动机水温或油温过高时，应停车待冷却后加以处理，不得用冷却水浇淋发动机快速冷却。

c. 在作业中若发动机水箱缺水，应立即停车，待水温下降后再加水，不得立即加入冷水，加水时注意防止烫手。

d. 在机器行驶前千万不要忘记松开手制动，否则会使变矩器急剧过热，造成严重损坏。

e. 下坡行驶不得将发动机熄火（低挡踩油门至 1/3 位置），否则会使液压转向系统失灵造成事故。

f. 高速行驶用两轮驱动，低速铲装用四轮驱动，行驶中液压换挡不必停车，也不必踩制动踏板。由低速挡换高速挡时先松一下油门，同时操纵变速杆，然后再踩下油门；由高速挡换低速挡时，则加大油门，使变速箱输出轴与转动轴转速一致。

g. 因在踩脚制动时能自动切断离合器油路，故制动前不必将变速杆置于空挡。

h. 当操纵动臂与转斗达到需要位置后，应将操纵阀杆置于中间位置。

i. 改变行车方向，必须在车停稳后进行。

j. 不得将铲斗提升到最高位置运输物料，运输时应保持动臂下铰点离地 400mm 左右。

k. 拉上"三合一"杆，变速杆置于空挡，松开手制动，以正向拖动行驶，可以实行发动机拖动及液压转向。

l. 接近岩堆时减速，将铲刃切入角调至 $0°\sim5°$ 插入岩堆。

m. 铲取时加大油门，但不要让前轮打滑空转，不要让变矩器"憋死"，停转时间不允许超过 30s。

n. 不允许转弯铲取。

o. 中途行驶避免急刹车。

p. 不要误操作反转铲斗。

q. 缓踩油门起车运行时，要按喇叭。

r. 接近卸载地点时减速，调整铲斗高度，卸载速度不允许太快，禁止转弯位置卸载。若大臂在高举位置时，不允许停发动机。

④ 停车操作规程

a. 装载机应停在平地上，并将铲斗平放于地面。当发动机熄火后，需反复多次扳动工作装置操纵手柄，确保各液压缸处于无压休息状态。当装载机只能停在坡道上时，要将轮胎垫牢。

b. 将各种手柄置于空挡或中间位置。

c. 先取走电锁钥匙，然后关闭电源总开关，最后关闭门窗。

d. 发动机在停车前应由高速向低速逐步减速运转 $3\sim5$min 后，才可将发动机熄火。

e. 不允许停在有明火或高温地区，以防轮胎受热爆炸，引起事故。

f. 利用组合阀或储气罐对轮胎进行充气时，人不得站在轮胎的正面，以防爆炸伤人。

g. 全面清洁和擦洗干净，检查各部件及润滑情况，填好交班记录，做好交班工作，并签名。

2.2 装载机驾驶员的素质和职责

随着经济的快速发展，装载机数量越来越多，装载机驾驶员队伍迅速扩大，努力提高驾驶员的素质是保证人身、车辆和货物安全的关键。装载机驾驶员必须年满 18 周岁、身高 155cm 以上，具有初中以上文化程度，经过专业培训，并考核合格，取得《特种设备作业人员证》后，方可单独驾驶操作。

2.2.1 装载机驾驶员的基本素质

(1) 思想素质过硬

① 责任意识较强　装载机驾驶员必须热爱本职工作、忠于职守、勤奋好学，对工作精益求精，对国家、单位财产以及人民生命安全高度负责，保证安全、及时、圆满地完成各项任务。

② 驾驶作风严谨　装载机驾驶员应文明装卸、安全作业，认真自觉地遵守各项操作规程。道路好不逞强，技术精不麻痹，视线差不冒险，有故障不凑合，任务重不急躁。

③ 职业道德良好　装载机驾驶员工作时，应安全礼让，热忱服务，方便他人。作业中能自觉搞好协同，对不同货物能采取不同的装卸方式，不乱扔乱摔货物。

④ 奉献精神突显　装载机驾驶员职业是一个艰苦的体力劳动与较复杂的脑力劳动相结合的职业，要求驾驶员在工作环境恶劣、条件艰苦的场合和危急时刻，要有不怕苦、不怕脏、不怕累的奉献精神，还要有大局意识、整体观念和舍小顾大的思想品质。

(2) 心理素质优良

① 情绪稳定　当驾驶员产生喜悦、满意、舒畅等情绪时，他的反应速度较快，思维敏捷，注意力集中，判断准确，操作失误少。反之，当他产生烦恼、郁闷、厌恶等情绪时，便会无精打采，反应迟缓，注意力不集中，操作失误多。因此，要求驾驶员要及时调控好情绪，保持良好的心境。

② 意志坚强　意志体现在自觉性、果断性、自制性和坚持性上。坚强的意志可以确保驾驶员遇到紧急情况，能当机立断进行处

理，保证行驶和作业安全；遇到困难能沉着冷静，不屈不挠，持之以恒。

③ 性格开朗　性格是人的态度和行为方面比较稳定的心理特征，不同性格的人处理问题的方式和效果不一样。从事装载机驾驶工作，必须热爱生活，对他人热情、关心体贴；对工作认真负责，富有创造精神；保持乐观自信，能正确认识自己的长处和弱点，以利于安全行驶和作业。

(3) 驾驶技术熟练

① 基础扎实　驾驶员具有扎实的基本功，能熟练、准确地完成检查、启动、制动、换挡、转向、装载、铲运、堆垛、卸货、停车等操作，基本功越扎实，对安全行驶和作业越有利，才能做到眼到手到，遇险不惊、遇急不乱。

② 判断准确　驾驶员能根据行人的体貌特征、神态举止、衣着打扮等来判断行人的年龄、性别和动向，能判断相遇车型的技术性能和行驶速度，能根据路基质量、道路宽度来控制车速，能根据货物的外形和体积判断货物的重量和重心等，以此判断装载机和货物所占空间，前方通道是否能安全通过，对会车和超车有无影响等。

③ 应变果敢　装载机在行驶和作业过程中，情况随时都在变化，这就要求驾驶员必须具备很强的应变能力，能适应行驶和作业的环境，迅速展开工作，完成作业任务，保证人、车和货物的安全。

(4) 身体健康

装载机驾驶员应每年进行一次体检，有下列情况之一者，不得从事此项工作。

① 双眼矫正视力均在 0.7 以下，色盲。

② 听力在 20dB 以下。

③ 中枢神经系统器质性疾病（包括癫痫）。

④ 明显的神经官能症或植物神经功能紊乱。

⑤ 低血压、高血压（低压高于 90mmHg、高压高于 130mmHg）贫血（血色素低于 8g）。

⑥ 器质性心脏病。

2.2.2　装载机驾驶员的职责

①　认真钻研业务，熟悉装载机技术性能、结构和工作原理，提高技术水平，做到"四会"，即会使用、会养修、会检查、会排除故障。

②　严格遵守各项规章制度和装载机安全操作规程、技术安全规则，加强驾驶作业中的自我保护，不擅离职守，严禁非驾驶员操作，防止意外事故发生，圆满完成工作任务。

③　爱护装载机，积极做好装载机的检查、保养、修理工作，保证装载机及机具、属具清洁完好，保证装载机始终处于完好的技术状态。

④　熟悉装载机装卸作业的基本常识，正确运用操作方法，保证作业质量，爱护装卸物资，节约用油，发挥装载机应有的效能。

⑤　养成良好的驾驶作风，不用装载机开玩笑，不在驾驶作业时饮食、闲谈。

⑥　严格遵守装载机的使用制度规定，不超载，不超速行驶，不酒后开车，不带故障作业，发生故障及时排除。

⑦　多班轮换作业时，坚持交接班制度，严格执行交接手续，做到四交：交技术状况和保养情况；交装载机作业任务；交工具、属具等器材；交注意事项。

⑧　及时准确地填写《装载机作业登记表》、《装载机保养（维修）登记表》等原始记录，定期向领导汇报装载机的技术状况。

⑨　装载机上路行驶时，应严格遵守交通规则，服从交通警察和公路管理人员的指挥和检查，确保行驶安全。

⑩　驾驶员在驾驶作业中，要持《装载机操作驾驶证》，不允许操作与驾驶证件规定不相符的装载机。

第2篇
装载机构造原理

第3章
装载机发动机系统

装载机主要由动力装置、底盘、电气装置和工作装置四大部分组成，如图 3-1 所示。

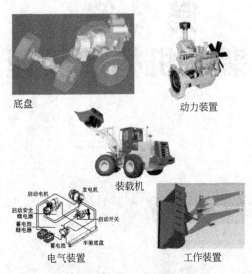

底盘

动力装置

装载机

启动电机 发电机
启动安全
继电器
蓄电池
继电器   启动开关
蓄电池   车架底盘

电气装置

工作装置

图 3-1　装载机组成

装载机一般由发动机、底盘（传动系统、行驶系统、转向系统、制动系统）、液压系统、电气系统、工作装置和驾驶室等部件组成。装载机的发动机布置在后部，驾驶室在中间，这样整机的重心位置比较合理，驾驶员视野较好，有利于提高作业质量和生产率。动力从柴油发动机传递到液力变矩器，再经过万向联轴器，传递到变速箱。通过变速箱，动力分别传递到前、后桥驱动车轮行走。

工作装置由油泵、动臂、铲斗、杠杆系统、动臂油缸和转斗油缸等构成。油泵的动力来自柴油发动机。动臂铰接在前车架上，动臂的升降和铲斗的翻转，都是通过相应液压油缸的运动来实现的。

为了完成各种形式的工作，装载机配备了各种可更换的工作机具，如侧卸式铲斗、万能推土板、腭式抓斗、起重吊钩等，如图3-2所示。

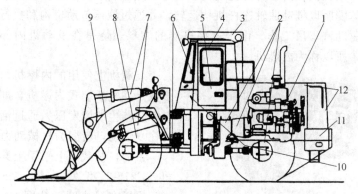

图 3-2　轮式装载机总体结构

1—柴油机系统；2—传动系统；3—防滚翻及落物保护装置；4—驾驶室；
5—定调系统；6—转向系统；7—液压系统；8—车架；9—工作装置；
10—制动系统；11—电气仪表系统；12—覆盖件

3.1　发动机总体构造与工作原理

装载机动力装置多采用往复活塞式发动机作为驱动力，即普通车用汽油机和柴油机，少数厂家配用液化气发动机。国产叉车配套汽油机有 475、480、492、495 等机型；柴油机主要有 285、290、485、490、495、498、4100、4105 等机型。出口叉车及供国内机场、港口、外资企业使用的叉车多采用进口发动机配套，主要有日本日产公司的 A15、H20、H25 等型号汽油机，五十铃公司的 FLBI、C240、4JG2、6BD1 等型号柴油机，韩国大宇公司的 DC24 型柴油机，日本马自达公司的 XA、HA 等柴油机，英国珀金斯发动机公司的 1004 型，意大利依维柯公司的 8061Si35 以及日本三菱公司的 6D16、6D22C、6D22TC 等机型。目前，内燃叉车发动机正向专用化发展，如国产新昌系列 485BPG、490BPG、495BPG、498BPG 等型号。

3.1.1 发动机常识

工程机械的动力源是发动机，它利用燃料燃烧后产生的热能使气体膨胀以推动曲轴连杆机构运转，并通过液压传动机构和执行机件驱动汽车吊工作。由于这种机器的燃料燃烧是在发动机内部进行，所以称为内燃机。

图 3-3　斯太尔 WD615.44
型柴油发动机

装载机上使用的内燃机，大多数是往复活塞式内燃机，即燃料燃烧产生的爆发压力通过活塞的往复运动，转变为机械动力。

目前，装载机上采用上柴公司 6C215-2 型发动机，25T、26T 采用东风康明斯公司 C245-20 发动机，52T 采用潍柴公司斯太尔 WD615.44 型发动机。斯太尔 WD615.44 型发动机如图 3-3 所示。

内燃机的分类如下。

① 按所用燃料分为柴油机、汽油机和煤气机。

② 按冲程数分为四冲程内燃机和二冲程内燃机。四冲程内燃机由四个冲程（曲轴旋转两周）完成一个工作循环；二冲程内燃机由两个冲程（曲轴旋转一周）完成一个工作循环。

③ 按汽缸数分为单缸和多缸内燃机。

④ 按汽缸排列分为直列立式内燃机、直列卧式内燃机和 V 型内燃机。V 型布置是为了缩短内燃机的长度，将多缸内燃机分为两排，并用同一根曲轴，两排汽缸中心线相交呈 V 字，常见的有 V 型 8 缸和 V 型 12 缸内燃机。

⑤ 按冷却方式分为水冷式内燃机和风冷式内燃机。水冷式是

用水作冷却介质；风冷式是用空气作冷却介质。

⑥ 按进气方式分为增压式内燃机和非增压式内燃机。增压式内燃机在进气系统中装有增压器，非增压式内燃机则不装。

⑦ 按着火方式分为压燃式内燃机和点燃式内燃机。压燃式内燃机是利用空气被压缩后温度升高的原理，使压缩空气的温度超过燃油着火的温度，燃油喷入燃烧室即能自行着火；点燃式内燃机是利用火花塞放出电火花，点燃可燃混合气。柴油机均采用压燃式，汽油机和煤气机多采用点燃式。

⑧ 按用途分为固定式内燃机和移动式内燃机。固定式内燃机的特点是稳定在一定的转速下工作，可作为发电机、水泵、脱粒机等的动力；移动式内燃机的特点是工况（转速和功率）变化范围较广，可作为船舶、工程机械、机车、汽车和拖拉机等的动力。

3.1.2 发动机构造与工作原理

（1）发动机的构造

内燃叉车发动机的基本原理相似，其基本构造大同小异。汽油机通常由两大机构和五大系统组成，即曲柄连杆机构、配气机构、供油系统、润滑系统、冷却系统、点火系统和启动系统。柴油发动机的结构大体上与汽油机相同，但由于使用的燃料不同，混合气形成和点燃方式不同，柴油机由两大机构、四大系统组成，没有化油器、分电器、火花塞，而另设喷油泵和喷油器等，有的柴油机还增设废气涡轮增压器等，如图 3-4 所示。

（2）发动机常用术语

发动机一般有如下常用术语。如图 3-5 所示。

① 上止点　活塞顶离曲轴中心最远处位置。

② 下止点　活塞顶离曲轴中心最近处位置。

③ 活塞行程（S）　上、下止点间的距离。

④ 曲柄半径　曲轴与连杆下端的连接中心至曲轴中心的距离。

⑤ 汽缸工作容积　活塞从上止点到下止点所扫过的容积，称为汽缸工作容积或汽缸排量。

汽缸工作容积＝汽缸总容积－燃烧室容积

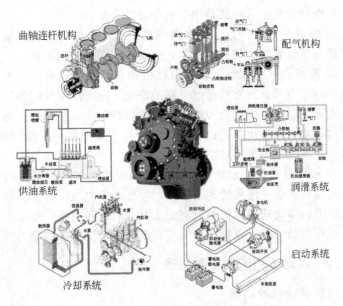

曲轴连杆机构

配气机构

供油系统

润滑系统

冷却系统

启动系统

图 3-4　柴油发动机的构造

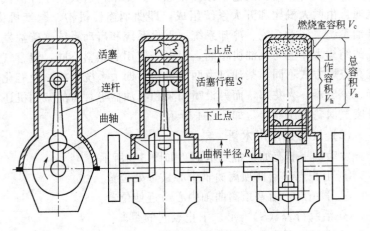

活塞

连杆

曲轴

上止点

活塞行程 S

下止点

曲柄半径 R

燃烧室容积 V_c

工作容积 V_h

总容积 V_a

图 3-5　发动机常用术语

⑥ 汽缸总容积　活塞在下止点时，其顶部以上的容积。

汽缸总容积＝汽缸工作容积＋燃烧室容积

⑦ 燃烧室容积　活塞在上止点时，其顶部以上的容积。

燃烧室容积＝汽缸总容积－汽缸工作容积

⑧ 压缩比　压缩前汽缸中气体的最大容积与压缩后的最小容积之比，称为压缩比。换言之，压缩比等于汽缸总容积与燃烧室容积之比。

⑨ 功率　功与完成这些功所用时间的比值。

⑩ 转矩　垂直方向上的力乘以与旋转中心的距离的值。

（3）发动机的工作原理

发动机的功能是将燃料在汽缸内燃烧产生的热能转换为机械能，对外输出动力。能量转换过程是通过不断地依次反复进行"进气-压缩-做功-排气"四个连续过程来实现的，发动机汽缸内进行的每一次将热能转换为机械能的过程称为一个工作循环。

在一个工作循环内，曲轴旋转两周，活塞往复四个行程，称为四冲程发动机。

① 四冲程汽油机的工作原理　汽油机是利用汽油蒸发性较好的特性，使汽油在汽缸外部通过化油器与空气混合形成可燃混合气后吸入汽缸，经压缩后再用电火花点燃以获得热能。

a. 进气行程　活塞由上止点向下止点移动，进气门开启，排气门关闭，活塞上方容积逐渐增大，形成一定真空度，可燃混合气通过进气门被吸入汽缸。活塞到达下止点时，曲轴转过半周，进气门关闭，进气行程结束，如图 3-6(a) 所示。

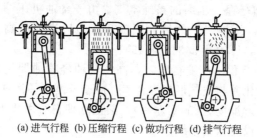

(a)进气行程　(b)压缩行程　(c)做功行程　(d)排气行程

图 3-6　四冲程汽油机工作循环

b. 压缩行程　活塞在曲轴的带动下，由下止点向上止点运动，进、排气门均关闭，曲轴旋转第二个半周，汽缸内的可燃混合气被压缩至燃烧室内，使其温度和压力均升高。当活塞到达上止点时，压缩行程结束。此时，可燃混合气的压力为 800～1400kPa，温度为 350～450℃，如图 3-6(b) 所示。

c. 做功行程　压缩行程末，火花塞产生电火花点燃混合气并迅速燃烧，使气体温度、压力急剧升高而膨胀，推动活塞由上止点向下止点运动，并经连杆带动曲轴旋转做功。活塞到达下止点，做功行程结束。做功行程初期，气体最高压力达 2940～3920kPa，瞬时温度达 1800～2000℃，如图 3-6(c) 所示。

d. 排气行程　进气门仍关闭，排气门开启，曲轴通过连杆推动活塞从下止点向上止点运动。废气在自身压力和活塞的挤压下，被排出汽缸。活塞到达上止点，排气行程结束。此时，气体压力为 105～125kPa，温度为 600～900℃，如图 3-6(d) 所示。

② 四冲程柴油机工作原理　柴油机是在吸入汽缸内的空气被压缩产生高温、高压的情况下，将柴油直接喷入汽缸，与经压缩后的高温、高压空气混合自燃产生热能。

四冲程柴油机的工作循环和汽油机一样，也由进气、压缩、做功和排气四个行程组成。

由于燃料性质不同，可燃混合气的形成、着火方式等与汽油机有较大区别，如图 3-7 所示。

a. 进气行程　与汽油机相比，进入柴油机汽缸的是纯空气。

b. 压缩行程　压缩的是纯空气，由于柴油机压缩比大（一般为 15～22），压缩终了气体的温度和压力比汽油机高。温度可达 500～700℃，压力达 3434～4415kPa。

c. 做功行程　压缩行程末，高压柴油经喷油器呈雾状喷入汽缸，迅速汽化并与空气形成混合气，由于压缩终了汽缸内温度远高于柴油的自燃温度（500℃左右），柴油立即自行着火燃烧。因此，柴油发动机没有点火系统。

d. 排气行程　与汽油机相似。

③ 多缸发动机的工作顺序

a. 四冲程四缸发动机做功顺序：1-2-4-3 或 1-3-4-2，如图 3-8

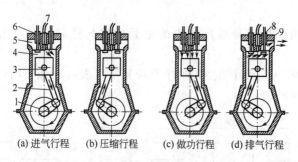

(a) 进气行程　　(b) 压缩行程　　(c) 做功行程　　(d) 排气行程

图 3-7　单缸四冲程柴油机工作循环

1—曲轴；2—连杆；3—活塞；4—汽缸；5—进气道；6—进气门；
7—喷油器；8—排气门；9—排气道

所示。

b. 四冲程六缸发动机做功顺序：1-5-3-6-2-4，如图 3-9 所示。

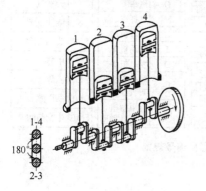

图 3-8　四冲程四缸发动机
做功顺序

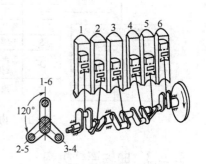

图 3-9　四冲程六缸发动机
做功顺序

（4）发动机的编号

① 内燃机的名称和型号　国家 2008 年修订的《内燃机产品名称和型号编制规则》（GB/T 725—2008）内容如下。

a. 内燃机名称均按所使用的主要燃料命名，如汽油机、柴油机、煤气机等。

b. 内燃机型号由阿拉伯数字、汉语拼音首字母或英文缩略字母组成。

　　c. 内燃机型号应反映它的主要结构与性能，一般由四部分组成。

　　② 内燃机型号的排列顺序及符号所代表的意义　内燃机编号规则如图 3-10 所示。

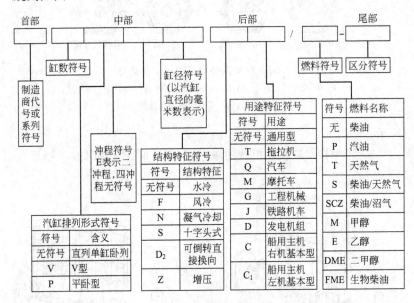

图 3-10　内燃机编号规则

3.1.3　曲轴连杆机构

　　曲轴连杆机构是产生输出动力的机构，主要由缸体曲轴箱组、活塞连杆组和曲轴飞轮组三部分组成。

　　(1) 缸体曲轴箱组

　　缸体曲轴箱组主要有汽缸体、汽缸盖与燃烧室、汽缸衬垫、曲轴箱等。

　　① 汽缸体　水冷发动机的汽缸体通常与上曲轴箱铸成一体，是发动机的主体骨架，如图 3-11 所示。汽缸体中的圆筒称为汽缸。为了提高汽缸的耐磨性，延长发动机的使用寿命，在汽缸内常镶有

汽缸套。汽缸套有干式缸套和湿式缸套两种，如图 3-12 所示。

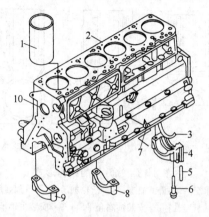

图 3-11　汽缸体和上曲轴箱

1—汽缸套；2—汽缸体；3—密封填料；4—后主轴承盖；5—油封条；6—螺栓；
7—油堵；8—中间轴承盖；9—主轴承盖；10—水套孔

a. 汽缸体的结构形式　主要
有一般式、龙门式和隧道式三种。
曲轴轴线与上曲轴箱下表面在同一
平面的称为一般式汽缸体；上曲轴
箱下表面在曲轴轴线以下的称为龙
门式汽缸体；汽缸体可以安装滚柱
轴承支承曲轴的称为隧道式汽缸
体，如图 3-13 所示。

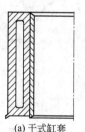
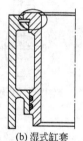

(a) 干式缸套　　(b) 湿式缸套

图 3-12　汽缸套

b. 汽缸的排列形式　多缸发
动机主要有单列式（直列式）、双列式（V 型）和对置式（平卧
式）三种，如图 3-14 所示。

② 汽缸盖

a. 汽缸盖的功用　密闭汽缸上部，并与活塞顶部和汽缸壁一
起构成燃烧室，如图 3-15 所示。

b. 汽缸盖的结构　有水套（水冷）或散热片（风冷）、燃烧
室、进气通道、排气通道、火花塞座孔（汽油机）或喷油器座孔

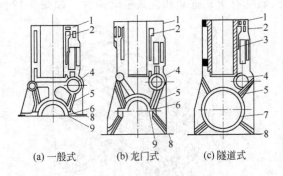

(a) 一般式   (b) 龙门式   (c) 隧道式

图 3-13   汽缸体的结构形式

1—汽缸体；2—水套；3—湿式缸套；4—凸轮轴承座；5—加强肋；6—主轴承座；
7—主轴承座孔；8—安装油底壳平面；9—安装主轴承盖平面

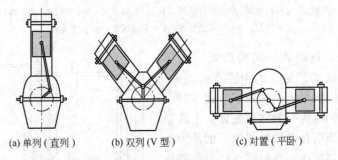

(a) 单列 (直列)   (b) 双列 (V 型)   (c) 对置 (平卧)

图 3-14   汽缸的排列形式

（柴油机设有与缸体密封的平面），以及安装气阀装置和其他零部件的定位面及润滑油道等。

c. 汽缸盖的安装   应按由中央向四周的顺序紧固螺栓，按规定力矩分 2～3 次紧固。对于铸铁缸盖，在冷车紧固好后热车时再检查紧固一次，而铝合金缸盖在冷车紧固一次即可。

③ 燃烧室   由活塞顶部及缸盖上相应的凹部空间组成。

④ 汽缸衬垫   用以保证接合面的密封，防止漏气、漏水与窜油，安装在汽缸盖与汽缸体之间。目前应用较多的是金属-石棉汽缸衬垫。

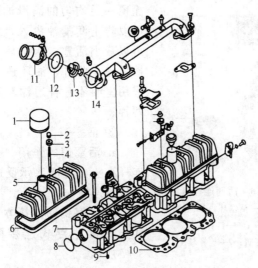

图 3-15　发动机汽缸盖

1—曲轴箱通风空气滤清器；2—盖形螺母；3—密封垫；4—螺柱；5—前缸盖罩；
6—密封条；7—缸盖；8—塞片；9—定位销；10—盖形垫片；11—节温器罩；
12—衬垫；13—节温器；14—缸盖出水管

（2）活塞连杆组

活塞连杆组由活塞、活塞环、活塞销和连杆组成，如图 3-16
所示。

① 活塞　其功用是承受汽缸内的气体压力，并通过活塞销和
连杆传给曲轴。活塞直接承受高温、高压气体的作用，并进行不等
速的高速往复运动。活塞顶部与缸盖及缸壁共同组成燃烧室。活塞
由顶部、头部、裙部三部分组成。

② 活塞环　分为气环和油环。一般发动机每个活塞上装有 2～
3 道气环，1～2 道油环。

a. 气环的作用　保证活塞与缸壁间的密封，防止汽缸中的高
温、高压燃气大量漏入曲轴箱，同时使活塞顶部的大部分热量传给
缸壁，由冷却液带走。常见的有矩形环、扭曲环、锥面环、梯形环
和桶面环。

b. 油环的作用　用来刮除缸壁上多余的润滑油，并在缸壁上

图 3-16　活塞连杆组

1—活塞；2—活塞环；3—活塞销；
4—连杆；5—连杆螺栓；
6—连杆盖；7—连杆轴瓦

气环

油环

涂覆一层均匀的润滑油膜，这样既可以防止润滑油窜入汽缸燃烧，又可以减小活塞、活塞环与缸壁的摩擦阻力。此外，油环还有辅助密封作用。油环有普通油环和组合油环两种。

③ 活塞销

a. 活塞销的作用　连接活塞与连杆小头，将活塞承受的气体作用力传给连杆。

b. 活塞销的连接方式　分全浮式连接和半浮式连接两种，如图3-17所示。

ⅰ. 全浮式连接　是指在发动机运转过程中，活塞销不仅可以在连杆小端衬套孔内转动，还可以在销座孔内缓慢地转动，以使活塞销各部分的磨损均匀。叉车多采用全浮式连接方式。

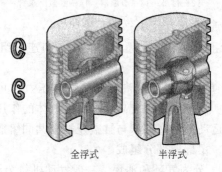

全浮式　　　　半浮式

图 3-17　活塞销的连接方式

ⅱ. 半浮式连接　是指活塞销固定在连杆小端孔内，只可以在销座孔内缓慢地转动，与连杆小头没有相对运动，此种连接的连杆小端孔内无衬套。

④ 连杆

a. 功用　将活塞承受的力传给曲轴，并使活塞的往复运动转变为曲轴的旋转运动。

b. 组成　包括小端、杆身、大端三部分。

ⅰ. 连杆小端　与活塞销相连，工作时与销之间有相对转动，因此小端孔中一般压入减摩的青铜衬套。为了润滑，在小端和衬套上钻出集油孔或铣出集油槽，用来收集发动机运转时被曲轴溅上来的机油。有的发动机连杆采用小端压力润滑，在杆身内钻有纵向的压力油通道。

ⅱ. 连杆杆身　通常做成"工"字形断面，以求在强度和刚度足够的前提下减小重量。

ⅲ. 连杆大端　与曲轴的曲柄销相连，一般做成剖分式的，被分开的部分称为连杆盖，由特制的连杆螺栓紧固在连杆大端上，连杆盖与连杆大端采用组合镗孔，为了防止装配时配对错误，在同一侧刻有配对记号。安装在连杆大端孔中的连杆轴瓦是剖分成两半的滑动轴承。轴瓦在厚 1～3mm 薄钢背的内圆面上浇铸有 0.3～0.7mm 厚的减摩合金层。减摩合金具有保持油膜、减少磨损和加速磨合的作用。

(3) 曲轴飞轮组

曲轴飞轮组主要由曲轴、飞轮和附件组成，如图 3-18 所示。

① 曲轴

a. 功用　把活塞连杆组传来的气体作用力转变为力矩，用来驱动配气机构及其他各种辅助装置。

b. 组成　主要有曲轴的前端、若干个曲拐和曲轴的后端（功率输出端）三部分。曲轴一般采用优质中碳钢或中碳合金钢锻制，轴颈表面经淬火或渗氮处理。

ⅰ. 曲轴前端装有驱动凸轮轴的正时齿轮、驱动风扇、水泵的传动带轮及启动爪等。

ⅱ. 曲轴颈是曲轴的支承点和旋转轴线。曲轴臂起着连接主轴颈和连杆轴颈的作用。曲轴的平衡重用来平衡由旋转形成的惯性力。

ⅲ. 曲轴后端有安装飞轮用的凸缘。

ⅳ. 为了限制曲轴的轴向移动，防止曲轴因受到离合器施加于

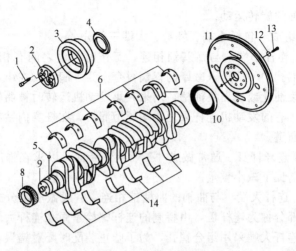

图 3-18 曲轴飞轮组

1—减振器螺栓；2—曲轴垫块；3—扭转减振器；4—曲轴前油封；5—定位销；
6—上主轴承；7—推力轴承；8—曲轴正时齿轮；9—曲轴；10—曲轴后油封；
11—飞轮总成；12—飞轮螺栓垫圈；13—飞轮螺栓；14—下主轴承

飞轮的轴向力及其他力的作用，而产生轴向窜动，破坏曲轴连杆机构各零件的相对位置，用推力片加以限制，即轴向定位装置。为了防止机油沿曲轴轴颈外漏，在曲轴前端、后端装有挡油盘、油封及回油螺纹等封油装置。

②飞轮

a. 作用　将在做功行程中输入曲轴的一部分动能储存起来，用以在其他行程中克服阻力，带动曲柄连杆机构经过上、下止点，保证曲轴的旋转角速度和输出转矩尽可能均匀，并使发动机有可能克服短时间的超载荷。此外，在结构上飞轮往往是传动系统中摩擦离合器的驱动件。

b. 构造　飞轮是由铸铁制成的圆盘，外缘上压有齿环，可与启动机的驱动齿轮啮合，供启动发动机用，安装在曲轴后端。飞轮上通常刻有点火正时记号，以便检验和调整点火时间及气门间隙。多缸发动机的飞轮与曲轴一起进行动平衡校验，拆装时为保证它们的平衡状态不受破坏，飞轮与曲轴之间由定位销或不对称螺栓定位。

3.1.4 配气机构

(1) 概述

① 配气机构的功用 配气机构是进气和排气的控制机构。它是按照发动机各缸的做功次序和每一缸工作循环的要求，定时地开启和关闭各汽缸的进、排气门，使可燃混合气（汽油机）或空气（柴油机）及时进入汽缸，并将废气及时排出汽缸。

② 配气机构的组成 配气机构由气门组和气门传动组组成，如图 3-19 所示。

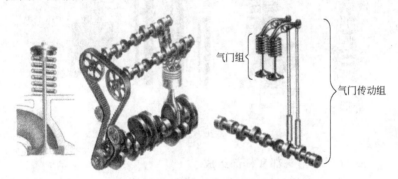

图 3-19　配气机构的组成

③ 配气机构的分类 按气门的安装位置，可分为顶置气门式和侧置气门式两种基本形式，目前叉车发动机均采用顶置气门式配气机构。按凸轮轴布置位置，可分为凸轮轴下置式、凸轮轴中置式、凸轮轴上置式。按凸轮轴传动方式，可分为齿轮传动式、链传动式、齿形带传动式。按气门驱动形式，可分为摇臂驱动式、摆臂驱动式、直接驱动式。按每缸气门数，可分为两气门式、多气门式。

④ 配气机构的工作原理 曲轴通过正时齿轮驱动凸轮轴转动。四冲程发动机每完成一个工作循环，曲轴旋转两周各缸的进、排气门各开启一次，此时凸轮轴只旋转一周。因此，曲轴与凸轮轴的传动比为 2∶1。凸轮轴在转动过程中，凸轮基圆部分与挺柱接触时，

挺柱不升高。当凸轮的凸起部分与挺柱接触时，将挺柱顶起，通过推杆和调整螺钉使摇臂绕轴摆动，压缩气门弹簧，使气门离座，气门开启。当凸轮的凸起最高点与挺柱接触时，气门开启最大，转过该点后，气门在气门弹簧作用下开始关闭，当凸轮凸起部分离开挺柱时，气门完全关闭。

(2) 气门组

① 组成　气门组主要包括气门、气门导管、气门座及气门弹簧等零件，如图 3-20 所示。

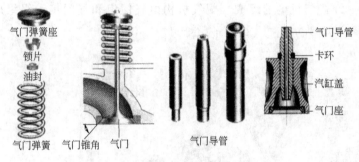

图 3-20　气门组

a. 气门　由头部和杆部组成。

ⅰ. 气门头部工作温度很高（进气门可达 570～670℃，排气门可达 1050～1200℃），还要承受气体压力以及气门弹簧张力和运动惯性力，同时冷却和润滑条件差。因此，对气门的结构和性能要求很高。进气门常采用合金钢（铬钢或镍铬钢等）制造，排气门则采用耐热合金钢（硅铬钢等）制造。

ⅱ. 气门密封锥面的锥角，称为气门锥角。进气门锥角一般为 30°，排气门锥角一般为 45°。多数发动机进气门的头部直径做得比排气门大。为保证气门头与气门座良好密合，装配前应将两者的密封锥面互相研磨，研磨好的气门不能互换。

b. 气门导管　保证气门做往复运动时，气门与气门座能正确密合。气门杆与导管之间一般留有 0.05～0.12mm 的间隙。

c. 气门弹簧　多为圆柱形螺旋弹簧，材料为高碳钢等冷拔钢丝。为了防止弹簧发生共振，可采用变螺距的圆柱弹簧或双弹簧。

② 功用　保证实现汽缸的密封。要求气门头与气门座贴合严密，气门导管有良好的导向性，气门弹簧上、下端面与气门杆中心线垂直，气门弹簧有适当的弹力。

(3) 气门传动组

① 组成　主要包括凸轮轴、正时齿轮、挺杆及其导管，气门顶置式配气机构中有的还有推杆、摇臂、摇臂轴等，如图 3-21 所示。

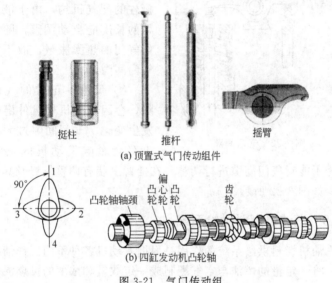

挺柱　　　　　推杆　　　　　摇臂

(a) 顶置式气门传动组件

(b) 四缸发动机凸轮轴

图 3-21　气门传动组

② 功用　使进、排气门能按配气相位规定的时刻开闭，并保证有足够的开度。凸轮轴上主要配置有各缸进、排气凸轮，用以使气门按一定的工作顺序和配气相位顺序开闭，并保证气门有足够的升程。

在装配曲轴和凸轮轴时，必须将正时记号对准，以保证正确的配气相位和点火时刻。

(4) 气门间隙

① 定义　气门间隙是指气门处于完全关闭状态时，气门杆尾端与摇臂（或挺柱、凸轮）之间的间隙。

② 功用　气门间隙是给配气机构零件受热膨胀时留出的余地，保证气门密封。

③ 分类　气门间隙分热态间隙与冷态间隙两种。前者是发动机达到正常工作温度后停车检查调整的数据；后者是发动机在常温条件下检查调整的数据。一般调整螺钉在冷态时，进气门间隙为 0.25～0.30mm，排气门间隙为 0.30～0.35mm。采用液力挺柱的配气机构，由于液力挺柱的长度能自动调整，随时补偿气门的热膨胀量，故不需留气门间隙。

④ 调整　正常的气门间隙，会因配气机构机件磨损而发生变化，气门间隙过大或过小都会影响发动机的正常工

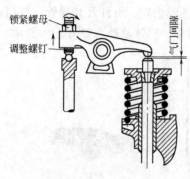

图 3-22　气门间隙

作。为了能对气门间隙进行调整，在摇臂上装有调整螺钉及其锁紧螺母，如图 3-22 所示。

3.1.5　汽油机燃料供给系统

汽油机燃料供给系统的作用是根据发动机各种不同工作情况的要求，将一定量的燃油与空气配制成一定数量和浓度的可燃混合气供入汽缸，并将燃烧做功后的废气引出汽缸。

（1）汽油机燃料供给系统的组成与工作原理

汽油机燃料供给系统的组成如图 3-23 所示。

① 组成

a. 汽油供给装置由汽油箱、汽油滤清器、汽油泵等组成。

b. 空气供给装置由空气滤清器等组成。

c. 可燃混合气形成装置由化油器等组成。

d. 可燃混合气供给和废气排出装置由进气管、排气管和排气消声器等组成。

② 工作原理　汽油在汽油泵的作用下，由汽油箱、油管至汽

图 3-23　汽油机燃料供给系统的组成
1—汽油箱；2—汽油滤清器；3—汽油泵；4—空气滤清器；
5—化油器；6—进排气管；7—排气消声器

油滤清器，滤去其中的杂质和水分后，进入汽油泵，再压送至化油器中。在汽缸吸气作用下，空气经空气滤清器滤去所含的尘埃和杂质后高速流过化油器，并从化油器喷嘴吸出汽油，汽油在气流作用下雾化后与空气混合。混合气经过进气管时进一步蒸发汽化，初步形成可燃混合气后分配到各缸，混合气燃烧膨胀后形成的废气经排气管和排气消声器排到大气中。

（2）简单化油器与可燃混合气的形成过程

① 简单化油器

a. 组成　由浮子室、针阀、浮子、量孔、节气门、喉管等组成，如图 3-24 所示。

b. 构造　发动机工作时，汽油泵将汽油泵入浮子室中，浮子和针阀可控制浮子室油面的高低。浮子室上部有孔道与大气相通，使池面压力保持恒定。下部有量孔与喷管相通，可将汽油喷入混合气室内。喷管出口高于浮子室油面约 2～5mm，以防止汽油机不工作时汽油从喷管溢出。量孔的作用是控制汽油流量。混合气室直径最小处是喉管，喷管的出口即在此处，喉管的作用是增大空气流

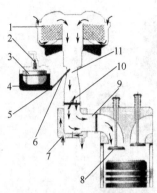

图 3-24　简单化油器及可燃
混合气形成原理

1—空气滤清器；2—针阀；3—浮子；
4—浮子室；5—量孔；6—喷管；
7—进气预热套管；8—进气门；
9—进气歧管；10—节气门；
11—喉管

速，在喷管出口处造成真空。混合气室底部有节气门，用来控制进入汽缸的混合气数量，调节发动机的功率。

c. 工作原理　当活塞在汽缸内下行时，在活塞上方形成部分真空，外部空气流经喉管时，流速增加，在喉管处也产生真空，压力降低。由于喉管处的压力小于浮子室压力，汽油从喷管吸出，并被高速流过的气流粉碎成雾状微粒。较小的油粒悬浮在气流中蒸发汽化，较大的油粒则沉附在混合室和进气歧管壁面上，形成沿管壁缓慢流动的油膜。这样，汽油从喉管部开始，在流经节气门进气预热装置和进气歧管的流动过程中不断从油粒表面和油膜表面蒸发，与空气形成可燃混合气，进入汽缸。

d. 工作装置　简单化油器工作时，随着节气门逐渐开大，供给由稀逐渐变浓的混合气。在中等负荷范围内，与发动机工作要求完全相反。为解决这一矛盾，在简单化油器的结构上，采用了一系列自动调配混合气浓度的装置，如启动装置、怠速装置、主供油装置、加浓装置和加速装置等。

② 可燃混合气

a. 标准混合气　理论上标准混合气燃烧最完全，但实际上汽油与空气的混合不能达到绝对均匀，因此标准混合气燃烧并不是最完全，不能达到最大功率和最低耗油率。

b. 稍浓混合气　由于汽油含量较多，汽油分子密集，燃烧速率最快，热量损失小，能使发动机获得最大功率。但由于空气量不足，燃烧不完全，经济性降低。

c. 过浓混合气　由于空气严重不足，燃烧不完全，动力性、经济性均变坏，导致发动机排气管冒黑烟、放炮，燃烧室积炭、排气污染严重。

d. 稍稀混合气　可以保证汽油分子获得足够的空气而完全燃烧，因而经济性最好，但由于参与燃烧的燃料相对减少，燃烧速度减慢，功率有所降低。

由上述可知，如要使发动机发出较大功率，即动力性好，应使用稍浓混合气，这样耗油量要大些，即要牺牲一点经济性。如要耗油率较低，即经济性较好，则要使用稍稀混合气，这就要损失一点功率。混合气浓度在 0.88～1.11 范围内最有利。

③ 发动机各种工作情况对可燃混合气浓度的要求　见表3-1。

表3-1　发动机各种工作情况对可燃混合气浓度的要求

基本工况	状态	运行特点	混合气供给
启动	指发动机从静止到开始运转的过程	启动时，发动机温度低、转速低，进入化油器的空气流速小，汽油的雾化和汽化条件差，造成混合气过稀，难于着火	应供给极浓的混合气
怠速	指发动机在小负荷的情况下以最低稳定转速运转	供给汽缸的混合气数量很少，而使排气后残留在汽缸内的废气量相对增加，加上发动机转速低，雾化不良，使燃烧条件恶化	需供给浓而少的混合气
中等负荷	亦即常用工况，指节气门超过怠速开度之后达到接近全开的60%左右	节气门开度由小变大，汽缸充气量增加，汽油的雾化、蒸发和燃烧条件逐渐变好，残余废气相对减少	应供给由浓变稀的混合气
全负荷	指节气门接近全开，甚至全开	功率最大，用以克服外部阻力	供给浓混合气
加速	节气门急速开大，发动机转速迅速提高的过程	空气量随节气门急速开大而急剧增加，由于汽油的惯性比空气大，来不及大量喷出，造成瞬间汽油流量跟不上空气流量的增加，使混合气过稀，不仅不能加速，甚至还会熄火	应额外强制喷油加浓混合气

(3) 汽油机燃料供给系统主要部件

① 汽油滤清器 其功用是滤去汽油中的水分及杂质,由上盖、滤芯和沉淀杯组成。盖上有进、出油管接头,滤芯用螺栓装在盖上,中间用衬垫密封,沉淀杯与盖用螺栓结合,其间有密封垫,底部有放污螺塞,用于排除杯内沉淀物。一般有过滤式、沉淀式两种。汽油滤清器结构如图 3-25 所示。

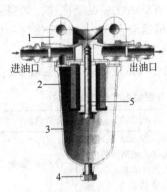

进油口　　　　　　出油口

图 3-25　汽油滤清器结构
1—盖;2—滤芯;3—沉淀杯;
4—放污螺塞;5—螺栓

② 汽油泵

a. 功用　将汽油从油箱中吸出,并使之具有一定的压力,经管路和汽油滤清器,泵入化油器的浮子室。目前,汽油机广泛采用机械驱动膜片式汽油泵,安装在发动机的一侧,由配气机构的凸轮轴上的偏心轮驱动,如图 3-26 所示。

b. 工作原理　吸油时凸轮轴转动,偏心轮顶动摇臂,拉杆通过拉钩拉下顶杆,压缩弹簧使泵膜下降,油室容积增大,压力降低,将进油阀吸开,出油阀关闭,汽油便从进油口进入油室。送油时,偏心轮转过最高点,摇臂斜面对顶杆拉钩外端斜面失去作用,泵膜在弹簧的张力作用下被推向上方,油室容积缩小,油压增高,进油阀关闭,出油阀打开,汽油便从出油阀经出油口被压入化油器浮子室。

3.1.6 柴油机燃料供给系统

柴油机燃料供给系统是柴油发动机的重要组成部分,也是其区别于汽油发动机的基本内容,它对整机的动力性、经济性、可靠性和耐久性都有较大影响。

(1) 柴油机燃料供给系统的功用

完成柴油的储存、滤清和输送工作,并按照柴油机各种不同工况的要求,定时、定量、定压地将柴油喷入燃烧室,使其与空气迅

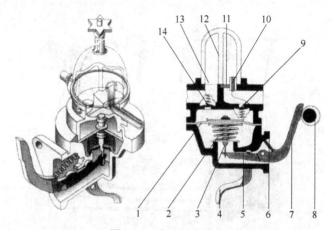

图 3-26 汽油泵的结构

1—膜片；2—膜片弹簧；3—顶杆；4—手摇臂；5—拉杆；6—回位弹簧；
7—摇臂；8—偏心轮；9—进油阀；10—进油通道；11—滤网；
12—油杯；13—油杯衬圈；14—出油阀

速而良好混合后燃烧，并在燃烧后将废气排入大气。

（2）柴油机燃料供给系统的组成

由燃料供给装置、空气供给装置、混合气形成装置和废气排出装置四部分组成，如图 3-27 所示。

① 燃料供给装置　主要有柴油箱、输油泵、柴油滤清器、低压油管、喷油泵、高压油管、喷油器和回油管等。

② 空气供给装置　主要有空气滤清器、进气管及进气道等。

③ 混合气形成装置　即燃烧室。

④ 废气排出装置　主要有排气道、排气管及排气消声器等。

（3）油路

① 低压油路　从柴油箱到喷油泵入口这段油路，其油压是由输油泵建立的，一般为 $150\sim300\text{kPa}$。

② 高压油路　从喷油泵到喷油器这段油路，其油压是由喷油泵建立的，一般在 1000kPa 以上。

③ 回油路　由于输油泵的供油量比喷油泵的出油量大 $3\sim4$ 倍，大量多余的柴油经回油管流回输油泵的进口或直接流回柴油箱。

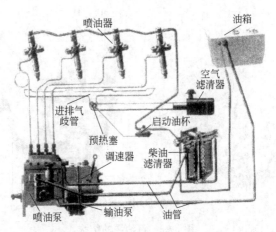

图 3-27　柴油机燃料供给系统组成

标注：喷油器　油箱　空气滤清器　进排气歧管　启动油杯　预热塞　调速器　柴油滤清器　喷油泵　输油泵　油管

　　发动机工作时，输油泵将燃油从油箱中吸出，经粗滤器滤去微小杂质，然后流入喷油泵。喷油泵将部分燃油增至高压，经高压油管和喷油器喷入燃烧室，多余的燃油从喷油泵或燃油滤清器上的限压阀经回油管流回油箱。

（4）混合气的形成与燃烧室

① 柴油机混合气形成特点

a. 柴油与空气是分别进入汽缸的，因而混合气是在燃烧室内形成的。

b. 柴油机开始喷油后约经过 0.001～0.003s 便开始燃烧，随后一边喷油，一边混合，一边燃烧，混合气形成的时间非常短。

c. 由于混合气形成时间短，喷油又有一定的延续时间，所以混合气浓度在燃烧室内各处是不均匀的，且采用较多的过量空气。

② 柴油机混合气形成方法

a. 空间混合　利用高压喷射使柴油成雾化颗粒均匀分布在燃烧室空间，并与压缩的空气混合形成可燃混合气。

b. 表面蒸发混合　用喷油器喷注与旋转的空气涡流运动配合，将燃油以油膜状态分布在燃烧室壁上，通过控制壁面最佳温度，借助空气涡流运动，使油膜迅速蒸发与空气混合形成可燃混合气。

c. 空间、表面混合　将一部分燃料喷入燃烧室空间形成混合气，一部分燃料喷在燃烧室壁上形成油膜，以表面蒸发的形式形成可燃混合气。

③ 燃烧室　当活塞到达上止点时，汽缸盖和活塞顶组成的密闭空间称为燃烧室。柴油机的燃烧室结构比较复杂，按结构可分为两大类。

a. 统一式燃烧室　由凹形的活塞顶面及汽缸壁直接与汽缸盖底面包围形成单一内腔的一种燃烧室。采用这种燃烧室时，柴油直接喷射到燃烧室中，故又称直接喷射式燃烧室，主要有 ω 形、球形和 U 形等。目前国内最新生产的叉车发动机大多采用这种燃烧室，如国产新昌 490BPG 型、495BPG 型、LD495G 型柴油发动机等，如图 3-28 所示。

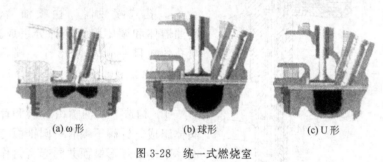

(a) ω形　　　　　(b) 球形　　　　　(c) U 形

图 3-28　统一式燃烧室

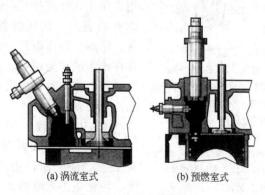

(a) 涡流室式　　　　　(b) 预燃室式

图 3-29　分开式燃烧室

b. 分开式燃烧室 由活塞顶和缸盖底之间的主燃烧室与设在汽缸盖的副燃烧室两部分组成。主、副燃烧室之间用一个或几个通道相连，常见的有涡流室式燃烧室和预燃室式燃烧室两种。

(5) 柴油机燃料供给系统主要部件

① 喷油器 其功用是将燃油雾化成细微颗粒，并根据燃烧室的形状，把燃油合理地分布到燃烧室内，以便和空气混合成可燃混合气。喷油器可分为开式和闭式两种类型，目前柴油机多采用闭式喷油器。闭式喷油器又分为孔式和轴针式两类，孔式喷油器多用于统一式燃烧室，轴针式喷油器多用于分开式燃烧室（图3-29、图3-30）。

a. 孔式喷油器 由喷油嘴、喷油器体和调压装置三部分组成。喷孔的数目一般为1～8个，喷孔直径为0.2～0.8mm，如图3-30所示。

ⅰ. 构造 喷油嘴由针阀和针阀体组成。针阀下端有一圆锥面与阀体下端的环形锥面共同起密封作用，用于切断或打开高压油腔和燃烧室的通路。调压装置由调压弹簧、垫圈、调压螺钉、锁紧螺母和推杆等组成。为使多缸柴油机各缸喷油器工作一致，应采用长度相同的高压油管。

ⅱ. 工作过程

喷油：当喷油泵开始供油时，高压柴油从进油口进入喷油器体内，沿油道进入喷油器阀体环形槽内，再经斜油道进入针阀体下面的

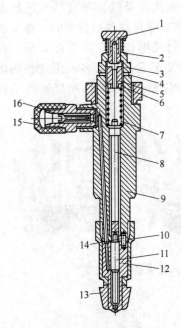

图 3-30 孔式喷油器

1—回油管螺栓；2—回油管衬垫；

3—调压螺钉锁紧螺母；4—调压螺钉垫圈；5—调压螺钉；

6—调压弹簧垫圈；7—调压弹簧；

8—推杆；9—壳体；

10—喷油器偶件紧固螺套；11—针阀；

12—针阀体；13—密封铜锥体；

14—定位销；15—护盖；

16—进油管接头

高压油腔内。高压柴油作用在针阀锥面上，并产生向上抬起针阀的作用力。当此力克服了调压弹簧的预紧力后，针阀就向上升起，打开喷油孔，柴油经喷油孔喷入燃烧室。

停油：当喷油泵停止供油时（由于减压环带的减压作用，出油阀在弹簧作用下落座），高压油腔内油压骤然下降，作用在喷油器针阀的锥形承压面上的推力迅速下降，在弹簧力的作用下，针阀迅速关闭喷孔，停止喷油。

b. 轴针式喷油器　与孔式喷油器相比，只是针阀偶件不同。针阀形状可以是侧锥形或圆柱形，轴针伸出喷孔外，从而形成一个圆环状的喷孔，直径为 1～3mm。轴针和孔壁的径向间隙为 0.02～0.06mm，喷注的形状将是空心的柱状或呈扩散的锥形，以配合燃烧室的形状，如图 3-31所示。

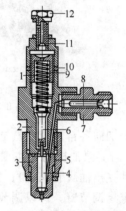

图 3-31　轴针式喷油器
1—调压弹簧；2—喷油器体；
3—针阀体；4—针阀；
5—紧固螺母；6—顶杆；
7—进油管接头；8—滤芯；
9—调压螺钉；10—垫圈；
11—锁紧螺母；
12—回油管接头

② 喷油泵

a. 作用　喷油泵（又称高压油泵）将输油泵提供的柴油升高到一定压力，并按照柴油机的各种工况要求，定时、定量地将高压燃油送至喷油器。

b. 分类　按结构不同分为柱塞式喷油泵、喷油器喷油泵、转子分配式喷油泵三类。目前，国产叉车柴油机大多采用柱塞式喷油泵。进口发动机的叉车多使用转子分配式喷油泵。国产中、小吨位叉车采用的多是 Ⅰ 号喷油泵，如图 3-32 所示。

c. 柱塞式喷油泵的组成　柱塞式喷油泵由泵体、泵油机构（分泵）、油量控制机构、传动机构四大部分组成。它利用柱塞在柱塞套筒内往复运动完成吸油和压油，每副柱塞和柱塞套筒只向一个汽缸供油。多缸发动机的每组泵油机构称为喷油泵的分泵，每组分

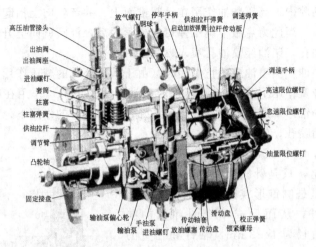

放气螺钉 停车手柄 供油加浓弹簧 调速弹簧
钢球 启动加浓弹簧 拉杆传动板
高压油管接头
出油阀
出油阀座 调速手柄
进油螺钉 高速限位螺钉
套筒 怠速限位螺钉
柱塞
柱塞弹簧
供油拉杆
调节臂 油量限位螺钉
凸轮轴
固定接盘
输油泵偏心轮 滑动盘
手油泵 传动轴套 校正弹簧
输油泵 进油螺钉 放油螺塞 传动盘 锁紧螺母

图 3-32　国产 I 号喷油泵结构

泵分别向各自对应的汽缸供油，如图 3-33 所示。

ⅰ．泵油机构　主要由柱塞偶件（柱塞和柱塞套筒）、出油阀偶件（出油阀和阀座）、柱塞弹簧、出油阀弹簧等组成。柱塞下端固定有调节臂，用以调节柱塞与柱塞套筒相对角的位置。

柱塞弹簧上端支撑在泵体上，下端通过弹簧座将柱塞推向下方，使柱塞下端压紧在滚轮体中的垫块上，从而使滚轮 2 保持与驱动凸轮相接触。柱塞偶件上部安装出油阀偶件，出油阀弹簧由压紧座压紧，使出油阀压在阀座上。

柱塞套筒由定位销钉固定，防止周向转动。柱塞调节臂安装在调节叉中，操纵供油拉杆可使柱塞在一定角度内绕本身轴线转动。

出油阀偶件由出油阀体 11 和出油阀座 10 组成，出油阀体头部有密封锥面，尾部铣出四个三角形槽，中间有一环形减压带。出油阀体被弹簧压紧在阀座上，两者经高精度研磨配合，不能互换。出油阀座中还装有一个减容器，作用是减少高压油腔的容积，同时限制出油阀的最大升程。

ⅱ．油量控制机构　其作用是在柱塞往复运动的同时使柱塞转动，以改变柱塞的有效行程，进而改变供油量，并使各缸供油量一致。

ⅲ．传动机构 由凸轮轴和滚轮体总成组成。凸轮轴由柴油机的曲轴通过正时齿轮驱动，带有衬套的滚轮可以在滚轮销上转动，滚轮销装在滚轮架的座孔中。曲轴转两圈，各缸喷油一次，凸轮轴只需转一圈就喷油一次，两者速比为2：1。滚轮架外形是一圆柱体，能在泵体的圆孔中进行相应的往复运动，其上部装有调整垫块，以支撑喷油泵柱塞。

喷油泵供油的迟早决定喷油器喷油的迟早，喷油提前角的调整是通过对喷油泵的供油提前角的调整而实现的。

d．柱塞式喷油泵的泵油原理 工作时，在喷油泵凸轮轴上的凸轮与柱塞弹簧的作用下，迫使柱塞上下往复运动，从而完成泵油任务，泵油过程可分为以下三个阶段。

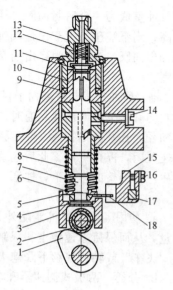

图3-33 柱塞式喷油泵分泵
结构示意图

1—凸轮；2—滚轮；3—滚轮体；
4—滚轮体垫块；5—柱塞弹簧座；
6—柱塞弹簧；7—柱塞；8—柱塞套筒；
9—垫片；10—出油阀座；11—出油阀体；
12—出油阀弹簧；13—出油
阀压紧座；14—定位销钉；
15—调节叉；16—夹紧螺钉；
17—供油拉杆；18—调节臂

ⅰ．进油过程 当凸轮的凸起部分转过去后，在弹簧力的作用下，柱塞向下运动，柱塞上部空间（称为泵油室）产生真空度；当柱塞上端面把柱塞套上的进油孔打开后，充满在油泵上体油道内的柴油经油孔进入泵油室，柱塞运动到下止点，进油结束。

ⅱ．供油过程 当凸轮轴转到凸轮的凸起部分顶起滚轮体时，柱塞弹簧被压缩，柱塞向上运动，燃油受压，一部分燃油经油孔流回喷油泵上体油腔。当柱塞顶面遮住套筒上进油孔的上缘时，由于柱塞和套筒的配合间隙很小（0.0015～0.0025mm），使柱塞顶部的泵油室成为一个密封油腔，柱塞继续上升，泵油室内的油压迅速升高；当泵油压力大于出油阀弹簧力与高压油管剩余压力之和时，推开出油阀，高压柴油经出油阀进入高压油管，通过喷油器喷入燃烧室。

ⅲ．回油过程　柱塞向上供油，当上行到柱塞上的斜槽（停供边）与套筒上的回油孔相通时，泵油室低压油路便与柱塞头部的中孔和径向孔及斜槽相通，油压骤然下降，出油阀在弹簧力的作用下迅速关闭，停止供油。此后柱塞还要上行，当凸轮的凸起部分转过去后，在弹簧的作用下，柱塞又下行。此时便开始了下一个循环。

③ 调速器

a．功用　使柴油机能随外界负荷（阻力）的变化自动调节供油量，从而保持怠速稳定和限制发动机最高转速，防止转速连续升高"飞车"或转速连续下降熄火。

b．分类　两极式调速器和全程调速器两种。

ⅰ．两极式调速器

作用：限制发动机最高转速和最低稳定转速，在最高转速和最低转速之间调速器不起作用，此时柴油机工作转速由驾驶员直接操纵供油拉杆来调节。

特点：有两根长度和刚度均不相同的弹簧，安装时都有一定的预紧力。低速弹簧长而软，高速弹簧短而硬。

工作原理：两极式调速器工作原理如图 3-34 所示。怠速时，驾驶员将操纵杆置于怠速位置，发动机将以规定的怠速转速运转。这时，飞球的离心力不足以将低速弹簧压缩到相应的程度。飞球将因离心力而向外略张，推动滑动盘 2 右移而将球面顶块 10 向右推入到相应的程度，使飞球的离心力与低速弹簧的弹力处于平衡。如由于某种原因使发动机转速降低，则飞球离心力相应减小，低速弹簧伸张与飞球的离心力达到一个新的平衡位置，于是推动滑移盘左移而使调速杠杆 4 的上端带动调节齿杆向增加供油量的方向移动，适当增多供油量，限制了转速的降低。反之，如发动机转速升高，调速器的作用使供油量相应减小，限制了转速的升高。这样，调速器就保证了怠速转速的相对稳定。如发动机转速升高到超出怠速范围（由于驾驶员移动操纵杆），则低速弹簧将被压缩，球面顶块 10 与弹簧滑套 9 相靠。高速时，因高速弹簧的预紧力阻碍着球面顶块的进一步右移，所以在相当大的转速范围内，飞球、滑动盘、调速杠杆、球面顶块等的位置将保持不动。只有当转速升高到发动机标定转速时，飞球的离心力才能增大到足以克服两根弹簧的弹力的程度，这时调速器的作用防止了柴油机的超速。

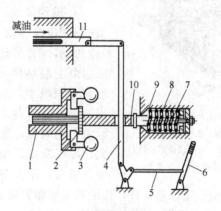

图 3-34　两极式调速器工作原理

1—支承盘；2—滑动盘；3—飞球；4—调速杠杆；5—拉杆；6—操纵杆；
7—低速弹簧；8—高速弹簧；9—弹簧滑套；10—球面顶块；11—调节齿杆

ⅱ. 全程调速器　不仅控制发动机最高转速和最低稳定转速，而且能自动控制从怠速到最高转速全部转速工作范围内的供油量，保持发动机在任何给定转速下稳定地运转。全程调速器的特点：调速弹簧的预紧力，可以在一定范围内通过改变调节叉位置而任意调节，从而在允许的转速范围内都可起调速作用。叉车多采用全程调速器。

（6）输油泵

① 输油泵的作用　将燃油从油箱中吸出，使燃油产生一定的压力，用以克服燃油滤清器及管路的阻力，保证连续不断地向喷油泵输送足够的燃油。国产Ⅰ号喷油泵调速器如图 3-35 所示。

② 输油泵的分类　输油泵主要有活塞式、膜片式、齿轮式和

图 3-35　国产 I 号喷油泵调速器

1—拉杆传动板；2—调速限位块；

3—高速限位螺钉；4—怠速限位螺钉；

5—油量限位螺钉；6—滑套

叶片式等。柴油机叉车通常采用活塞式输油泵。

③ 活塞式输油泵的组成　活塞式输油泵主要由泵体、活塞、推杆、进油阀及手油泵等机件组成，如图 3-36 所示。

④ 输油泵的工作原理　当发动机工作时，偏心轮转至图 3-37（a）所示位置的过程中，弹簧使活塞由上端移到下端，活塞下边油腔容积减小，油压增高，关闭出油阀，燃油自出油口压至喷油泵。与此同时，活塞上方容积增大，油压降低，油箱的燃油从进油口流入，压开进油阀充满活塞上方油腔。当偏心轮顶动推杆，使活塞压缩弹簧向上移动时，活塞上方容积缩小，油压增高，关闭进油阀，压开出油阀，此时活塞下方油腔容积增大，压力降低，燃油经出油阀、平衡油道流入活塞下方油腔，为下次向喷油泵供油做好准备，如图 3-37（b）所示。当输油泵的供油量大于喷油泵的需要量或燃油滤清器阻力过大时，出油口和活塞下腔油压升高，若此油压与弹簧力平衡，则活塞停在某一位置，即回不到最下端。因此活塞的有效行程减小，供油量也相应减少，并限制油压的进一步提高（供油压力不大于 $300 \sim 400$ kPa），这样就实现了输油量和供油压力的自动调节，如图 3-37（c）所示。

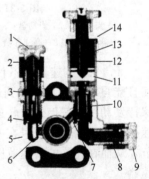

图 3-36　活塞式输油泵的结构

1,9—油管接头；2,8—保护套；

3—出油管接头座；4—出油阀；

5—壳体；6—下出油道；

7—进油道；10—进油阀；

11—活塞；12—油缸；

13—活塞杆；14—油缸盖

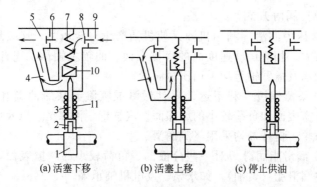

图 3-37　发动机输油泵工作原理

1—偏心轮；2—滚轮；3—顶杆；4—通道；5—出油口；6,8—单向阀；
7—活塞弹簧；9—进油口；10—活塞；11—弹簧

3.1.7　润滑系统

润滑的实质是在两个相对运动机件之间送进润滑油形成油膜，用液体间的摩擦代替固体间的摩擦，从而减少机件的运动阻力和磨损。

（1）润滑系统的作用

发动机润滑系统就是为了保证发动机的正常工作，将两接触面隔开，提高发动机的功率，延长其使用寿命。

① 润滑作用　在运动机件的表面之间形成润滑油膜，减少磨损和功率损失。

② 清洗作用　通过润滑油的循环流动，冲洗零件表面并带走磨损剥落下来的金属微粒。

③ 冷却作用　循环流动的润滑油流经零件表面，带走零件摩擦所产生的部分热量。

④ 密封作用　润滑油填满汽缸壁与活塞、活塞环与环槽之间的间隙，可减少气体的泄漏。

⑤ 防锈作用　在零件表面形成油膜，起保护作用，防止腐蚀生锈。

（2）润滑方式

① 压力润滑　利用机油泵使机油产生一定压力，连续地输送到负荷大、相对运动速度高的摩擦表面。曲轴主轴承、连杆轴承、凸轮轴承及摇臂轴等均采用压力润滑。

② 飞溅润滑　利用运动零件激溅或喷溅起来的油滴和油雾，润滑外露表面和负荷较小的摩擦面。汽缸壁、活塞销，以及配气机构的凸轮、挺杆等均采用飞溅润滑。

③ 润滑脂润滑　对一些分散的、负荷较小的摩擦表面，可定时加注润滑脂（黄油），如水泵、发电机轴承等。

（3）润滑系统的组成

润滑系统由机油泵、机油散热器、限压阀、机油滤清器、油管及油道、机油压力传感器、机油压力表和量油尺等机件组成，如图3-38所示。

① 机油泵

a. 机油泵的作用　将一定压力和一定数量的润滑油压送到润滑件表面。

b. 机油泵的种类　发动机上常用的有外啮合齿轮式机油泵和内啮合转子式机油泵两种。

ⅰ. 齿轮式机油泵　从动轴压装在泵体上，从动齿轮套装在从动轴上。主动齿轮与主动轴过盈配合，主动轴与壳孔间隙配合，如图3-39所示。机油泵的进油口通过进油管与集滤器相通。出油口的出油道有两个：一个在壳体上与曲轴箱的主油道相通，这是主要的一路；另一个在泵盖上用油管与细滤器相通。

ⅱ. 转子式机油泵　由壳体、内转子、外转子和泵盖等组成，如图3-40所示。转子式机油泵结构紧凑，外形尺寸小，重量轻，吸油真空度大，泵油量大，供油均匀性好，成本低，在中小型发动机上应用广泛。

② 机油滤清器

a. 作用　滤除机油中的金属磨屑及胶质等杂质，保持润滑油的清洁，延长润滑油的使用寿命，保证发动机正常工作。

b. 分类　按滤清方式不同，可分为过滤式和离心式两种。过

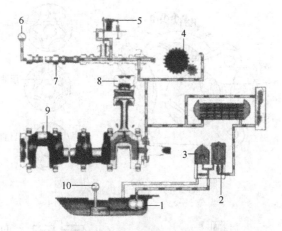

图 3-38　润滑系统的组成

1—进油腔；2—出油腔；3—卸压槽；4—正时齿轮；5—气门摇臂；
6—机油压力表；7—凸轮轴；8—活塞；9—曲轴；10—油温表

滤式滤清器按滤芯结构的不同又分为金属网式、片状缝隙式、带状缝隙式、纸质滤芯式和复合式等。目前，新生产的叉车多采用一次性旋装式机油滤清器，规定行驶 8000～10000km 以上或工作 200～250h 以上必须更换。

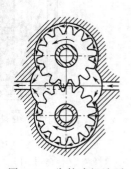

图 3-39　齿轮式机油泵

ⅰ. 机油集滤器　用来滤去润滑油中较大的杂质，防止其进入机油泵内堵塞油道，一般是金属网式的，装在机油泵进油口之前。

ⅱ. 机油粗滤器　用以滤去机油中粒度较大（直径在 0.05～0.1mm 以上）的杂质，它对机油流动的阻力较小，一般串联于机油泵与主油道之间，属于全流式滤清器，如图 3-41 所示。

ⅲ. 机油细滤器　用于消除微小的杂质（直径小于 0.05mm 的胶质和水分）。由于它的流动阻力较大，因此与主油道并联，只有 10% 左右的润滑油通过，属于分流式滤清器。

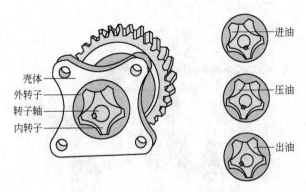

进油

压油

出油

壳体
外转子
转子轴
内转子

图 3-40　转子式机油泵

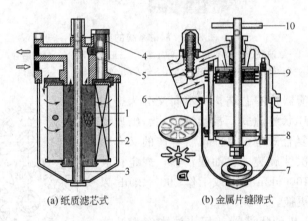

(a) 纸质滤芯式

(b) 金属片缝隙式

图 3-41　全流式机油粗滤器
1—拉杆；2—滤芯；3—压紧弹簧；4—旁通阀弹簧；
5—旁通阀；6—刮片固定杆；7—放油螺塞；
8—固定螺栓；9—上盖；10—手柄

　　机油细滤器有过滤式和离心式两种类型，由于过滤式细滤器
存在着滤清能力和通过能力的矛盾，目前应用渐少。离心式细滤
器是靠转子旋转产生的惯性力将润滑油中的杂质分离出去，具有
结构简单、使用可靠、寿命长、维护方便等优点，被广泛应用，
如图 3-42 所示。

③ 限压阀　当机油压力超过规定压力时，限压阀被打开，多余的润滑油经限压阀流回机油泵的进油口或流回油底壳。

④ 旁通阀　并联在机油粗滤器的进、出油口之间。当粗滤器堵塞时，机油推开旁通阀，不经滤芯，直接从进油口到出油口至润滑系统。

（4）润滑油路

一般发动机采用压力润滑和飞溅润滑的综合润滑方式，各种发动机润滑系统油路大体相似。发动机工作时，润滑油在机油泵作用下，经集滤器被吸入机油泵，并被压出。多数润滑油经粗滤器至主油道，经缸体上的横隔油道分别润滑曲轴主轴承、连杆轴承（经连杆大头喷孔喷出的油润滑凸轮、缸壁、活塞销）、凸轮轴颈、正时齿轮、空气压缩机、摇臂推杆、气门等。少量润滑油经细滤器滤清后，回到油底壳，如图 3-43 所示。

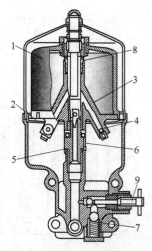

图 3-42　离心式机油细滤器
1—转子盖；2—挡板；3—转子体；
4—喷嘴；5—推力轴承；
6—转子轴；7—旁通阀；
8—转子体端套；9—调整螺钉

3.1.8　冷却系统

发动机工作温度过高或过低，不仅会使其动力性和经济性变坏，而且会加速机件的磨损或损坏。发动机工作时，由于燃料的燃烧以及运动零件间的摩擦产生大量的热，使零件受热而温度升高，特别是直接与高温气体接触的零件（如汽缸体、汽缸盖、活塞、气门等）因受热温度很高，若不及时冷却则会造成机件卡死和烧损，使发动机不能正常工作。因此，必须对高温条件下工作的机件加以冷却。

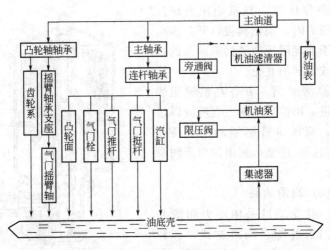

图 3-43　柴油机润滑油路

（1）冷却系统的功用

保证运转中的发动机能保持在最适宜的温度（80～90℃）范围内连续工作。

（2）冷却方式

根据发动机所用的冷却介质不同，冷却方式有风冷式和水冷式两大基本形式，如图 3-44 所示。

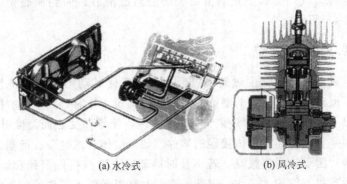

(a) 水冷式　　　　(b) 风冷式

图 3-44　发动机冷却方式

① 风冷式　冷却介质是空气，即利用风扇在缸体和缸盖周围

的散热片中形成气流，将发动机高温机件的热量通过散热片直接散发到大气中而使其得以冷却。

② 水冷式　冷却介质是水，即将发动机高温机件的热量先传导给冷却液（即冷却水），通过冷却液的不断循环，使热量散发到大气中。

（3）水冷却的种类

根据冷却水循环方式的不同，水冷却又可分为蒸发式、自然循环式、强制循环式三种。

（4）水冷却系统的组成

水冷却系统一般由水泵、水套、散热器、百叶窗、风扇、分水管、节温器、冷却液温度表等组成，如图 3-45 所示。现代发动机上应用最普遍的是强制循环式水冷却系统。为使发动机在寒冷环境下温度能迅速达到最佳工作温度并防止冷却过度，一般发动机都有冷却强度调节装置，包括节温器、百叶窗和风扇离合器等。

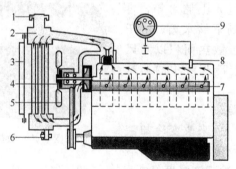

图 3-45　水冷却系统组成

1—散热器盖；2—散热器；3—百叶窗；4—水泵；5—风扇；
6—放水开关；7—分水管；8—冷却液温度传感器；9—冷却液温度表

① 水泵　主要作用是对冷却液加压，使冷却液循环流动。目前汽车发动机绝大多数使用的是离心式水泵。它由泵壳、叶轮、泵轴、轴承等组成，如图 3-46 所示。

② 风扇　作用是促进散热器的通风，提高散热器的热交换能力。风扇通常安装在散热器后面，一般与水泵同轴，用螺钉固装在

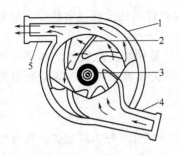

图 3-46　离心式水泵

1—泵壳；2—叶轮；3—泵轴；
4—进水口；5—出水口

水泵轴前端传动带轮的凸缘上。当风扇旋转时，对空气产生吸力，使之沿轴向流动，气流由前向后通过散热器，使流经散热器的冷却液加速冷却，而起到对发动机的冷却作用。

③ 散热器

a. 作用　将冷却液携带的热量散入大气，以保证发动机的正常工作温度。

b. 构造　如图 3-47 所示，它主要由上储水箱、下储水箱和散热片等组成，有管片式和管带式两种。

c. 原理　来自水套的冷却液经进水管进入上储水箱，再经扁形水管到下储水箱。由于散热片增加了散热面积以及风扇的作用，使冷却液中的热量散入大气。

④ 节温器

a. 作用　用来改变冷却液的循环路线及流量，自动调节

图 3-47　散热器

冷却强度，使冷却液温度经常保持在 80～90℃。它安装在汽缸盖出水管或水泵进水管内。

b. 类型　节温器分为折叠式和蜡式两种，如图 3-48 所示。根据其阀门的多少又可分为单阀式和双阀式。

c. 工作原理　当冷却液温度低于节温器的开启温度 76℃ 时节温器的出液阀门关闭，汽缸盖的出液全部经节温器旁路进入水泵进液口，而不通过散热器散热，此时的冷却液循环为小循环，如图 3-49(b) 所示。当出水温度达到节温器的开启温度 76℃ 时，节温器内易挥发物质（如乙醚）蒸发，打开节温器出水阀门，冷却液经

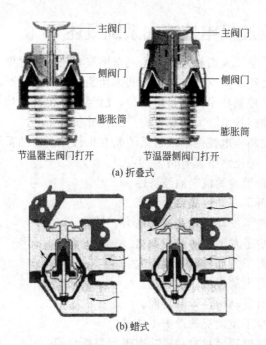

节温器主阀门打开   节温器侧阀门打开

(a) 折叠式

(b) 蜡式

图 3-48　节温器

节温器的出水阀门进入散热器进行散热。当冷却液温度继续升高达到 86℃时，节温器阀门完全打开，从汽缸盖处出来的冷却液完全进入散热器，此时的冷却液循环为大循环，如图 3-49(a) 所示。

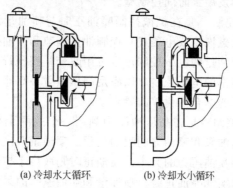

(a) 冷却水大循环   (b) 冷却水小循环

图 3-49　节温器工作原理

3.2 柴油机电控喷油系统概述

现代社会，人们越来越关注汽车尾气对环境的污染，机械控制式柴油机已经不能满足要求，也就迫使柴油发动机生产制造商采用发动机电子控制技术。到目前为止，已经研究出许多功能各异的柴油机电子控制技术，大部分已经产品化并投放市场。

柴油发动机电控燃油喷射系统是在机械控制喷油系统的基础上发展而来，相比之下具有很多优点。

① 改善了发动机燃油经济性。

② 改善了发动机冷启动性能。

③ 改进了发动机调速控制能力。

④ 减少了发动机尾气污染物。

⑤ 降低了发动机的排气烟度。

⑥ 具有发动机自保护功能。

⑦ 具有发动机自诊断功能。

⑧ 减少了发动机的维护工作量。

⑨ 可通过程序对发动机功率进行重新设定。

3.2.1 电控柴油发动机发展回顾

柴油电控喷射系统可分为位置控制和时间控制两大类，是从位置控制型逐渐发展到时间控制型。

① 位置控制 是在机械控制喷油正时与喷油量的基础上，应用执行器（电磁液压或电磁式）控制油量调节和喷油提前器，实现喷油正时和喷油量的电子控制。也可用改变柱塞预行程的方法，实现可变供油速率的电子控制，以满足高压喷射中高速、大负荷和低怠速喷油过程的综合优化控制要求。

② 时间控制 是在高压油路中利用一个或两个高速电磁阀的开闭来控制喷油泵和喷油器的喷油过程。喷油量取决于喷油器开闭时间的长短和喷油压力的大小，喷油正时则取决于控制电磁阀的开闭时刻，从而实现喷油正时、喷油量和喷油速率的柔性一体控制。

到目前为止，柴油电控喷射系统的发展经历了三代。

① 位置控制系统　第一代柴油机电控燃油喷射系统是位置控制系统。这种系统的主要特点是保留了大部分传统的燃油系统部件，如喷油泵-高压油管-喷油嘴系统和喷油泵中齿条、齿圈、滑套、带螺旋槽的柱塞等零件，只是用电子伺服机构代替机械式调速器来控制供油滑套或燃油齿条的位置，使供油量的调整更为灵敏和精确。

第一代柴油机电控燃油系统控制内容：油环的位置控制；喷油时间的控制；根据 ECU 的指令对驱动轴和凸轮轴的相位差进行控制。ECU 根据各种传感器检出的发动机状态及环境条件等，计算出适合于发动机状态的最佳控制量，并向执行机构发出相应的指令。

② 时间控制系统　第二代柴油机电控燃油喷射系统是时间控制系统。这种系统是在第一代位置控制式的基础上发展起来的，可以保留原来的喷油泵、高压油管、喷油器系统，也可以采用新型高压燃油系统。其喷油量和喷油正时由计算机控制的强力高速电磁阀的开闭时刻所决定。电磁阀关闭，喷油开始；电磁阀打开，喷油结束。即喷油始点取决于电磁阀关闭时刻，喷油量取决于电磁阀关闭时间的长短，因此可以同时控制喷油量和喷油正时。传统喷油泵中的齿条、滑套、柱塞上的斜槽和提前器等全部取消，对喷油正时和喷油量控制的自由度更大。

燃油升压是通过喷油泵或发动机的凸轮来实现的。升压开始的时间（与喷油时间对应）以及升压终了时间（从升压开始到升压终了的时间与喷油量相当）是由电磁阀的接通/断开控制的，也就是说，喷油量和喷油时间是由电磁阀直接控制的。

③ 时间-压力控制系统　第三代柴油机电控燃油喷射系统是时间-压力控制系统，也称电控高压共轨系统。这种系统包括了高压共轨系统和中压共轨系统。这是 20 世纪 90 年代国外推出的新型柴油机电控喷油技术。该系统摒弃了传统的泵-管-喷嘴的脉动供油方式，取而代之的是一个高压油泵，在柴油机的驱动下，连续将高压燃油输送到共轨管内，高压燃油再由共轨送入各缸喷油器，通过控制喷油器上的电磁阀实现喷射的开始和终止。

3.2.2 柴油发动机电控系统的组成和控制原理

(1) 柴油发动机电控系统的组成

电控柴油机喷射系统主要由传感器、开关、ECU 和执行器等部分组成，如图 3-50 所示。其任务是对喷油系统进行电子控制，实现对喷油量以及喷油正时随运行工况的实时控制。电控系统采用转速、温度、压力等传感器，将实时检测的参数同步输入 ECU 并与 ECU 已存储的参数值进行比较，经过处理计算，按照最佳值对喷油泵、废气再循环阀、预热塞等执行机构进行控制，驱动喷油系统，使柴油机运转状态达到最佳。

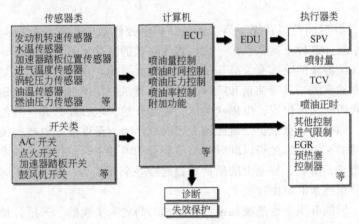

图 3-50 柴油发动机电控系统的组成和原理

(2) 柴油发动机电控系统的控制原理

① 喷油量控制 柴油机在运行时的喷油量是根据两个基本信号来确定的，分别是加速踏板位置和柴油机转速。喷油泵调节齿杆位置则由喷油量整定值、柴油机转速和具有三维坐标模型的预先存储在控制器内的喷油泵速度特性所确定。在运行中，系统一直校验和校正调节齿杆的实际位置和设定值之间的差异，以获得正确的喷油量，提高发动机的功率。

② 喷油正时控制 喷油正时根据柴油机的负荷和转速两个信

号确定，并根据冷却水的温度进行校正。控制器把喷油正时的设定值与实际值加以比较，然后输出控制信号使正时控制阀动作，以确定通至正时器的油量；油压的变化又使正时器的活塞移动，喷油正时就被调整到设定值。当发生故障时，正时器使喷油正时处在最滞后的位置。

③ 怠速控制　怠速有两种控制方式，分别是手动控制和自动控制。借助于选择开关可选定怠速控制方式。选定手动控制时，转速由怠速控制旋钮来调整。选择自动控制时，随着冷却液温度逐渐升高，转速从暖车前的 800r/min 降至暖车后的 400r/min。这种方法可缩短车辆在冬季的暖车时间。

④ 巡航控制　车辆的巡航控制由车速、柴油机转速、加速踏板位置、巡航开关传感器和电子调速器控制器来实现。一个快速、精密的电子调速器执行器，根据控制器的指令自动进行巡航控制，使发动机始终处于最佳工作状态。在原有的电子调速器基础上，只需增加几个开关和软件就可实现这项功能。

⑤ 柴油消耗量指示器　指示器接收柴油机转速信号和喷油泵调节齿杆位置信号。在工作过程中，柴油消耗状态由安装在仪表板上的绿、黄、红三色发光二极管显示出来，以作为经济行驶的指示。负荷信号由调节齿杆位置信号提供，而不是由加速踏板位置信号提供，因此，即使在巡航控制状态下行驶时，该指示器也能精确地指示油耗量。

(3) 电控共轨燃油喷射系统

为了满足未来更为严格的排放法规，进一步改善发动机的燃油经济性，各个柴油发动机制造商都加大了对柴油发动机控制技术的开发和改进。1995 年末，日本电装公司将 ECD-U2 型电控高压燃油共轨成功地应用于柴油机上，并开始批量生产，从此开始了柴油电控共轨燃油喷射系统的新时代。

电控共轨燃油喷射系统是高压柴油喷射系统的一种，它是第三代柴油发动机电控喷射技术，摒弃了直列泵系统，取而代之的是一个供油泵建立一定油压后将柴油送至各缸共用的高压油管（即共轨）内，再由共轨把柴油送入各缸的喷油器。

电控共轨燃油喷射系统喷油压力与喷油量无关，也不受发动机转速和负荷的影响，能根据要求任意改变压力水平，可大大降低NO_x和颗粒物的排放。

① 电控共轨燃油喷射系统的特点　与传统喷射系统相比，电控共轨柴油喷射系统的主要特点如下。

a. 自由调节喷油压力（共轨压力）　利用共轨压力传感器测量共轨内的燃油压力，从而调整供油泵的供油量，控制共轨压力。共轨压力就是喷油压力。此外，还可以根据发动机转速、喷油量的大小与设定了的最佳值（指令值）始终一致地进行反馈控制。

b. 自由调节喷油量　以发动机的转速及油门开度信息等为基础，由计算机计算出最佳喷油量，通过控制喷油器电磁阀的通电、断电时刻直接控制喷油参数。

c. 自由调节喷油率形状　根据发动机用途的需要，设置并控制喷油率形状：预喷射、后喷射、多段喷射等。

d. 自由调节喷油时间　根据发动机的转速和负荷等参数，计算出最佳喷油时间，并控制电控喷油器在适当的时刻开启，在适当的时刻关闭等，从而准确控制喷油时间。

② 电控共轨燃油喷射系统　电控共轨燃油喷射系统中的主要

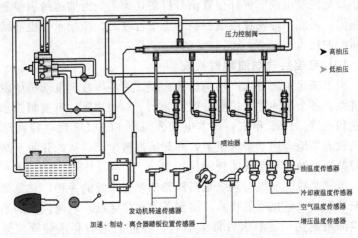

图 3-51　电控共轨燃油喷射系统

部件有发动机 ECU、预热控制单元（GCU）、高压油泵、高压蓄能器（燃油轨）和喷油器等，如图 3-51 所示。

a. 发动机 ECU　电控共轨系统通过各种传感器和开关检测出发动机的实际运行状态，通过发动机 ECU 计算和处理后，对喷油量、喷油正时、喷油压力和喷油率等进行最佳控制。

发动机 ECU（图 3-52）按照预先设计的程序计算各种传感器送来的信息。经过处理

图 3-52　博世公司发动机 ECU

后，把各个参数限制在允许的电压电平上，再发送给各相关的执行机构，执行各种预定的控制功能。

微处理器根据输入数据和存储在 RAM 中的数据，计算喷油时间、喷油量、喷油率和喷油正时等，并将这些参数转换为与发动机运行匹配的随时间变化的电量。

ECU 的性能随发动机技术的发展而发展，微处理器的内存越来越大，信息处理能力越来越高。发动机 ECU 主要功能如下。

喷油方式控制——多次喷射（现用的为主喷射和预喷射两次）。

喷油量控制——预喷射量自学习控制、减速断油控制。

喷油正时控制——主喷正时、预喷正时、正时补偿。

轨压控制——正常和快速轨压控制、轨压建立、喷油器泄压控制、轨压 Limp home 控制。

转矩控制——瞬态转矩、加速转矩、低速转矩补偿、最大转矩控制、瞬态冒烟控制、增压器保护控制。

其他控制——过热保护、各缸平衡控制、EGR 控制、VGT 控制、辅助启动控制（电机和预热塞）、系统状态管理、电源管理、故障诊断。

b. 预热控制单元（GCU）　用于确保有效的冷启动并缩短暖机时间，这一点与废气排放有着十分密切的关系。预热时间是发动机

冷却液温度的一个函数。在发动机启动或实际运转时电热塞的通电时间由其他一系列的参数（如喷油量和发动机的转速等）确定。

新的电热塞因其能快速达到点火所需的温度（4s 内达 850℃），以及较低的恒定温度而性能超群，电热塞的温度因此而限定在一个临界值之内。因此，在发动机启动后电热塞仍能保持继续通电 3min，这种后燃性改善了启动和暖机阶段的噪声和废气排放。

成功启动之后的后加热可确保暖机过程的稳定，减少排烟和冷启动运行时的燃烧噪声。如果启动未成功，则电热塞的保护线路断开，防止了蓄电池过度放电。

c. 高压油泵　主要作用是将低压燃油加压成高压燃油，储存在共轨内，等待 ECU 的指令。供油压力可以通过压力限制器进行设定。所以，在共轨系统中可以自由地控制喷油压力。

博世公司电控共轨系统中采用的高压油泵如图 3-53 所示。

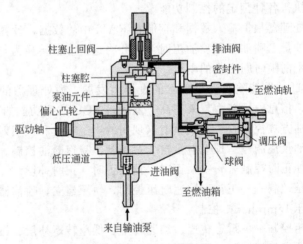

图 3-53　高压油泵结构

高压油泵连接在低压油路和高压油路之间，它的作用是在车辆所有工作范围和整个使用寿命期间准备足够的、已被压缩了的燃油。除了供给高压燃油之外，它的作用还在于保证在快速启动过程和共轨中压力迅速上升所需要的燃油储备、持续产生高压燃油存储器（共轨）所需的系统压力。

高压油泵产生的高压燃油被直接送到燃油蓄能油轨中，高压油泵由发动机通过联轴器、齿轮、链条、齿形皮带中的一种驱动且以发动机转速的一半转动。高压油泵工作原理如图 3-54 所示，在高压油泵总成中有三个泵油柱塞，泵油柱塞由驱动轴上的凸轮驱动进行往复运动，每个泵油柱塞都有弹簧对其施加作用力，以免泵油柱塞发生冲击振动，并使泵油柱塞始终与驱动轴上的凸轮接触。当泵油柱塞向下运动时，即通常所称的吸油行程，进油单向阀将会开启，允许低压燃油进入泵油腔，在泵油柱塞到达下止点时，进油阀将会关闭，泵油腔内的燃油在向上运动的泵油柱塞作用下被加压后泵送到蓄能油轨中，高压燃油被存储在蓄能油轨中等待喷射。

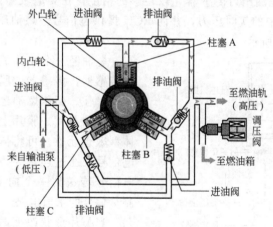

图 3-54　高压油泵工作原理

d. 高压蓄能器（燃油轨）　将供油泵提供的高压燃油经稳压、滤波后，分配到各喷油器中，起蓄压器的作用（图 3-55）。它的容积应削减高压油泵的供油压力波动和每个喷油器由喷油过程引起的压力振荡，使高压油轨中的压力波动控制在 5MPa 以下。但其容积又不能太大，以保证燃油轨有足够的压力响应速度以快速跟踪柴油机工况的变化。

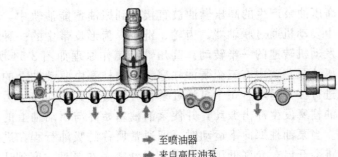

⇒ 至喷油器
⇒ 来自高压油泵
⇒ 至燃油箱

图 3-55　燃油轨

ⅰ.燃油压力传感器　以足够的精度，在相应较短的时间内，测定共轨中的实时压力，并向 ECU 提供电信号。燃油压力传感器如图 3-56 所示。

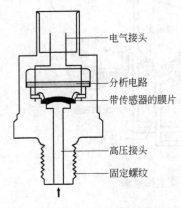

电气接头
分析电路
带传感器的膜片
高压接头
固定螺纹

图 3-56　燃油压力传感器

燃油经一个小孔流向燃油压力传感器，传感器的膜片将孔的末端封住。高压燃油经压力室的小孔流向膜片。膜片上装有半导体型敏感元件，可将压力转换为电信号。通过连接导线将产生的电信号传送到一个向 ECU 提供测量信号的求值电路。

当膜片形状改变时，膜片上涂层的电阻发生变化。这样，由系统压力引起膜片形状变化（150MPa 时变化量约 1mm），促使电阻值改变，并在用 5V 供电的电阻电桥中产生电压变化。电压在 0～70mV 之间变化（具体数值由压力而定），经求值电路放大到0.5～4.5V。精确测量共轨中的压力是电控共轨系统正常工作的必要条件。为此，压力传感器在测量压力时允许偏差很小。在主要工作范围内，测量精度约为最大值的 2%。共轨压力传感器失效时，具有应急行驶功能的调压阀以固定的预定值进行控制。

ⅱ.调压阀　根据发动机的负荷状况调整和保持共轨中的压力：当共轨压力过高时，调压阀打开，一部分燃油经集油管流回油箱；当共轨压力过低时，调压阀关闭，高压端对低压端密封。

博世公司电控共轨系统中的调压阀（图 3-57）有一个固定凸缘，通过该凸缘将其固定在供油泵或共轨上。电枢将一钢球压入密封座，使高压端对低压端密封。为此，一方面弹簧将电枢往下压，另一方面电磁铁对电枢作用一个力。为进行润滑和散热，整个电枢周围有燃油流过。

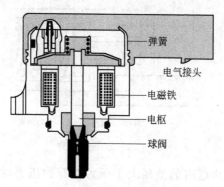

弹簧

电气接头

电磁铁

电枢

球阀

图 3-57　调压阀结构

调压阀有两个调节回路：一个是低速电子调节回路，用于调整共轨中可变化的平均压力值；另一个是高速机械液压调节回路，用以补偿高频压力波动。

调压阀不工作时：共轨或供油泵出口处的压力高于调压阀进口处的压力。由于无电流的电磁铁不产生作用力，当燃油压力大于弹簧力时，调压阀打开，根据输油量的不同，保持打开程度大一些或小一些，弹簧的设计负荷约为 10MPa。

调压阀工作时：如果要提升高压回路中的压力，除了弹簧力之外，还需要再建立一个磁力。控制调压阀，直至磁力和弹簧力与高压压力之间达到平衡时才被关闭。然后调压阀停留在某个开启位置，保持压力不变。当供油泵改变，燃油经喷油器从高压部分流出时，通过不同的开度予以补偿。电磁铁的作用力与控制电流成正比。控制电流的变化通过脉宽调制来实现。调制频率为 1kHz 时，可以避免电枢的干扰运动和共轨中的压力波动。

ⅲ. 限压阀　控制燃油轨中的压力，防止燃油压力过大，相当于安全阀，当共轨中燃油压力过高时，打开泄油孔泄压。

丰田公司电控共轨系统中的限压阀（图 3-58），主要由球阀、阀座、压力弹簧及回油孔等组成。

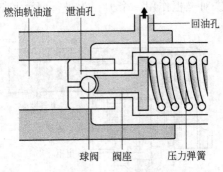

图 3-58　限压阀结构

当燃油轨油道内的油压大于压力弹簧的压力时，燃油推开球阀，燃油通过泄油孔和回油油路流回燃油箱中。当燃油轨油道内的油压未超过弹簧压力，球阀始终关闭泄油孔，以保持油道内油压的稳定。

e. 电控喷油器　是共轨系统中最关键和最复杂的部件，也是设计、工艺难度最大的部件。ECU 通过控制电磁阀的开启和关闭，将高压油轨中的燃油以最佳的喷油正时、喷油量和喷油率喷入燃烧室。

为了实现有效的喷油始点和精确的喷油量，共轨系统采用了带有液压伺服系统和电子控制元件（电磁阀）的专用喷油器。博世电控共轨式喷油器的代表性结构如图 3-59(a) 所示。

喷油器可分为几个功能组件：孔式喷油器、液压伺服系统和电磁阀等。

燃油从高压接头经进油通道送往喷油嘴，经进油节流孔送入控制室。控制室通过由电磁阀打开的回油节流孔与回油孔连接。

回油节流孔在关闭状态时，作用在控制活塞上的液压力大于作用在喷油嘴针阀承压面上的力，因此喷油嘴针阀被压在座面上，从而没有燃油进入燃烧室。

电磁阀动作时，打开回油节流孔，控制室内的压力下降，当作用在控制活塞上的液压力低于作用在喷油嘴针阀承压面上的作用力时，喷油嘴针阀立即开启，燃油通过喷油孔喷入燃烧室，如图3-59(b) 所示。由于电磁阀不能直接产生迅速关闭针阀所需的力，因此经过一个液力放大系统实现针阀的这种间接控制。在这个过程中，除喷入燃烧室的燃油量之外，还有附加的控制油量经控制室的节流孔进入回油通道。

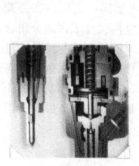
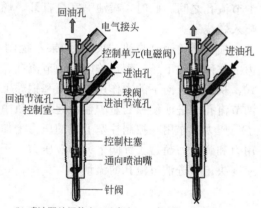

(a) 喷油器实物剖面　　　(b) 喷油器关闭状态 (不喷油) (c) 喷油器开启状态 (喷油)

图 3-59　博世电控共轨式喷油器

在发动机和供油泵工作时，喷油器可分为喷油器关闭（以存有的高压）、喷油器打开（喷油开始）、喷油器关闭（喷油结束）三个工作状态。

喷油器关闭（以存有的高压）：电磁阀在静止状态不受控制，因此是关闭的，如图 3-59(b) 所示。回油节流孔关闭时，电枢的钢球受到阀弹簧弹力作用压在回油节流孔的座面上。控制室内建立共轨的高压，同样的压力也存在于喷油嘴的内腔容积中。共轨压力在控制柱塞端面上施加的力及喷油器调压弹簧的力大于作用在针阀承压面上的液压力，针阀处于关闭状态。

喷油器打开（喷油开始）：喷油器一般处于关闭状态。当电磁阀通电后，在吸动电流的作用下迅速开启，如图3-59(c)所示。当电磁铁的作用力大于弹簧的作用力时回油节流孔开启，在极短时间内，升高的吸动电流成为较小的电磁阀保持电流。随着回油节流孔的打开，燃油从控制室流入上面的空腔，并经回油通道回流到油箱。控制室内的压力下降，于是控制室内的压力小于喷油嘴内腔容积中的压力。控制室中减小了的作用力引起作用在控制柱塞上的作用力减小，从而针阀开启，开始喷油。针阀开启速度决定于进、回油节流孔之间的流量差。控制柱塞达到上限位置，并定位在进、回油节流孔之间。此时，喷油嘴完全打开，燃油以接近于共轨的压力喷入燃烧室。

喷油器关闭（喷油结束）：如果不控制电磁阀，则电枢在弹簧力的作用下向下压，钢球关闭回油节流孔。电枢设计成两部分组合式，从而没有向下的力作用在电枢和钢球上。回油节流孔关闭，进油节流孔的进油使控制室中建立起与共轨中相同的压力。这种升高了的压力使作用在控制柱塞上端的压力增加。这个来自控制室的作用力和弹簧力超过了针阀下方的液压力，于是针阀关闭。针阀关闭速度决定于进油节流孔的流量。

第4章
装载机底盘系统

    底盘是装载机的重要组成部分，其作用是装配各部件总成，实现发动机的动力传递，确保装载机正常行驶。它由传动系统、行驶系统、转向系统、制动系统和附属设备组成。

4.1 装载机的传动系统

4.1.1 传动系统的组成及类型

（1）传动系统的功用

    装载机传动系统的功用是将发动机的动力传递给驱动轮，使机械行驶，并且还能根据需要改变机械的行驶速度、牵引力、运动方向及运动形式。

（2）传动系统的组成

    传动系统在装载机中的发动机与轮胎之间，如图4-1所示。由变速器、传动轴、驱动桥三大部件组成。

（3）传动系统的类型

    装载机的传动系统分为四大类：机械传动、液力机械传动、全液压传动和电力传动。

    ① 机械传动　由于对装载机的作业工况适应性太差，很快被出现的液力变矩器所取代，目前已基本停止使用。

    ② 液力机械传动　变速器由液力变矩器和机械式变速箱组成，也称变矩器变速箱总成，简称双变。由于变矩器具有自动适应性，即随负荷的大小自动改变速度与转矩，同时这种变化范围也非常宽

轮胎总成　前桥　前传动轴　双变总成　后传动轴　后桥

图 4-1　轮式装载机传动系统的位置

广，故特别适合装载机高速小转矩行驶、低速大转矩作业工况。同时，如果匹配得当，装载机即使遇到很大阻力，速度降为零，发动机也不会熄火。因此，液力机械传动在装载机上得到了最广泛的应用。但液力机械传动与其他三种传动相比也有缺点，即传动效率比其他三种传动都低。

③ 全液压传动　也称液压传动。采用变量泵、变量马达组成的全液压传动的传动效率显著优于液力机械传动，总体布置及操作性能也较好，因此，全液压传动的操纵舒适性及节能降耗都比较好。但它与液力机械传动相比有几个比较大的缺点：第一，成本比液力机械传动高，特别是功率越大，速度差越大，其成本差距就越大；第二，其自动调节速度与转矩的范围比液力机械传动小，因此作业适应性较差，对 80kW 以下小型装载机，这一缺点不太显著，但对功率大、速度和转矩变化范围大的系统，需要较昂贵的低速大转矩马达，同时还要加上适当挡位的机械变速箱，因此成本比液力机械传动高很多；第三，全液压传动当外载荷变化时，其输出转矩变化比液力机械传动时间延迟长，反应较慢。因此，目前装载机传动系统在 80kW 以下的轮式装载机除少量开始采用全液压传动外，基本上仍采用液力机械传动。

④ 电力传动 有许多特别显著的优点，主要是载荷适应性很强，安装、布置、操纵等都十分方便，传动效率也很高。但它最显著的缺点是重量大、成本高。其成本比全液压传动还高得多。但在特大型装载机上应用，就能避开其缺点，发挥其优点。因此，目前在国外 500kW 以上，特别是更大的矿用轮式装载机，使用电力传动比较普遍。

我国目前还没有电力传动轮式装载机，轮式装载机基本上采用的是液力机械传动，本章只介绍液力机械传动。轮式装载机液力机械传动从总体上分为两大类：一类是行星式；另一类是定轴式。行星式液力机械传动系统的主要特征是变速箱的变速为行星式，即由太阳轮、行星轮、内齿圈及行星轮架组成的行星排来完成变速。而定轴式液力机械传动系统的主要特征为变速箱的变速是由一组一组的两根平行轴上装的一对一对的外啮合齿轮来完成变速的。因此，定轴式变速箱也称平行轴式变速箱，定轴式液力机械传动系统也称平行轴式液力机械传动系统。

4.1.2 变速器总成的结构功能与工作原理

（1）变速器总成的功能及组成

① 变速器总成的功能 变速器（变矩器变速箱总成）的主要功能是将柴油机的动力，经过变矩、变速传给驱动桥驱动车轮，以不同的速度及不同的牵引力完成装载机的牵引及行驶功能。

② 变速器总成的组成 变速器总成主要指双涡轮变矩器、变速箱、变速泵、工作泵和操纵阀五个总成件，其中变速箱包括超越离合器及变速箱各挡。

变矩器主要由双涡轮四元件总成，变矩器将两个涡轮的动力输入到变速箱的超越离合器及变速箱各挡来完成。

变速箱主要由Ⅰ挡行星变速机构总成（也称Ⅰ挡行星排）、倒挡行星变速机构（也称倒挡行星排）及直接挡（Ⅱ挡）总成，以及装在直接挡总成外面的中间轴输出齿轮、输出轴齿轮及输出轴等要主要零部件组成。

同时，变速器还带动变速泵、工作泵输出液压力；操纵阀控制各变速挡位。

ZL40/50 变速器总成的组成如图 4-2 所示。

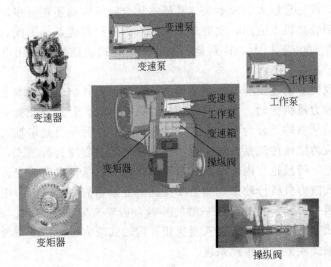

图 4-2　ZL40/50 变速器总成的组成

(2) 变速器的结构及工作原理

① 变速器的结构　以 ZL50 轮式装载机的变速器为例,变速器由双涡轮液力变矩器及简单行星式动力换挡变速箱组成。

双涡轮液力变矩器简称双涡轮变矩器或变矩器,简单行星式动力换挡变速箱简称行星式动力换挡变速箱,或行星式变速箱,或变速箱。该变矩器、变速箱由其壳体与箱体直接连接成一个整体,因此通常把 ZL50 轮式装载机的这种连成一个整体的变速器称为双涡轮液力变矩器行星式动力换挡变速箱总成,简称变矩器变速箱总成,如图 4-3、图 4-4 所示。

② 变速器的工作原理　ZL50 轮式装载机变矩器变速箱总成的外形如图 4-5 所示,其内部结构如图 4-6 所示。由图 4-5 可知,整个变矩器变速箱总成由变矩器 1、变速箱 3、变速操纵阀 2、油位开关 4 及停车制动器 5 等主要元部件组成。再看图 4-6,该总成还装有工作油泵 15、转向油泵 74。弹性板 28 分别与柴油机飞轮 22

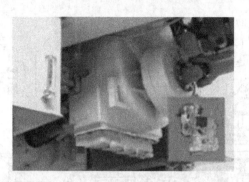

图 4-3　变速箱总成位置

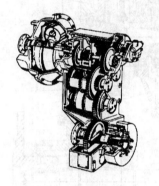

图 4-4　ZL50 轮式装载机
变矩器变速箱总成

图 4-5　ZL50 轮式装载机变矩器
变速箱总成外形

1—变矩器；2—变速操纵阀；3—变速箱；

4—油位开关；5—停车制动器

及罩轮 25 用螺栓连接，同时，罩轮又与泵轮用螺栓连接，分动齿轮 14 用螺栓连接于泵轮外边的右端面。这样，由发动机飞轮传来的动力，一方面变为泵轮的液动力使变矩器、变速箱工作，另一方面由分动齿轮 14 分别传动齿轮轴 3，带动变速泵 1 及工作油泵 15，另一路传给转向油泵驱动齿轮 75，带动转向油泵轴及转向油泵 74，使柴油机分出来的部分功率转化成这几个油泵的液动力，分别作为变速液压系统、工作液压系统及转向液压系统的液压动力源，去完成相应的工作，这是变速器完成分动箱的功能。

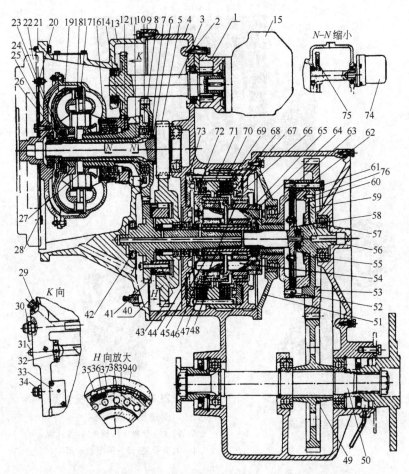

图 4-6　ZL50 轮式装载机变矩器变速箱总成内部结构

1—变速泵；2—垫；3—齿轮轴；4—箱体；5—输入一级齿轮；6—铜垫圈；7—油封环；8—输入二级齿轮；9—密封圈；10—导轮座；11—油封环；12—密封环；13—壳体；14—齿轮；15—工作油泵；16—泵轮；17—弹性销；18—T_1 涡轮；19—T_2 涡轮；20—垫片；21—纸垫；22—飞轮；23—涡轮罩；24—铆钉；25—罩轮；26—涡轮毂；27—导轮；28—弹性板；29—油温表接头；30—管接头；31—螺塞；32—压力阀；33—背压阀；34—管接头；35—滚柱；36—弹簧；37—压盖；38—隔离环；39—内环凸轮；40—外环齿轮；41—中间输入轴；42—轴承；43、61—螺栓；44—太阳轮；45—倒挡行星轮；46—倒挡行星轮架；47—I挡行星轮；48—倒挡内齿轮；49—输出齿轮；50—输出轴；51—中盖；52—圆柱销；53—中间轴输出齿轮；54—I挡行星轮；55—盘形弹簧；56—端盖；57—球轴承；58—直接挡挡轴；59—直接挡油缸；60—直接挡活塞；62—直接挡摩擦离合器；63—直接挡受压盘；64—直接挡连接盘；65—I挡行星轮架；66—I挡油缸；67—I挡活塞；68—I挡内齿轮圈；69—I挡摩擦离合器；70—弹簧；71—弹簧销轴；72—倒挡摩擦离合器；73—倒挡活塞；74—转向油泵；75—转向油泵驱动齿轮；76—直接挡活塞导向销停车制动器安装在输出轴的前端部，在制动系统的操纵下，产生制动力去完成对输出轴的制动，从而实现应急制动或停车制动的目的。这是变速器完成停车及应急制动的功能。

（3）涡轮变矩器的结构及工作原理

我国 ZL50 轮式装载机采用的双涡轮四元件液力变矩器，通过超越离合器与行星机械式动力换挡变速箱组合在一起，使国产 ZL50 轮式装载机具有独特的优越性。

① 变矩器的结构　该变矩器由四个工作轮组成，即一个泵轮、两个涡轮和一个导轮，其组成如图 4-7、图 4-8 所示。

图 4-7　双涡轮变矩器实物

图 4-8　涡轮变矩器分解图

② 变矩器的工作原理　ZL50 轮式装载机双涡轮液力变矩器分解图如图 4-9 所示。

支承壳体 3 一端与柴油机飞轮壳相连接，另一端与变速箱箱体固定。两端分别用纸垫和密封圈密封。泵轮 5 与罩轮 10 一起组成变矩器旋转壳体（轴端支承在飞轮孔中），通过弹性板 11 与飞轮连接，并与柴油机一起同速旋转。涡轮组由 T_1 涡轮和 T_2 涡轮组成。T_1 涡轮用弹性销与涡轮罩 8 固定并铆接在涡轮毂 9 上。两个涡轮分别以花键与输入一、二级齿轮相连，它们绕共同的轴线各自分别旋转。导轮座 1 与支承壳体 3 固定，导轮座作为泵轮的右端支承，其花键部位装有导轮，并用递升挡圈限位。齿轮 4 与泵轮 5 连成一体用以驱动各个油泵。齿轮 4 与不转动的导轮座 1 之间装有密封环 2，工作时这里可能有少量泄油，但仍能保持一定压力。油封环和密封环的作用相同。铜垫圈用以将相对运动的齿轮隔开。

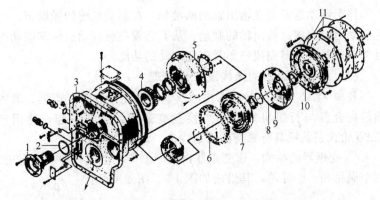

图 4-9 ZL50 轮式装载机双涡轮液力变矩器分解图

1—导轮座；2—密封环；3—支承壳体；4—齿轮；5—泵轮；6—T_1 涡轮；
7—T_2 涡轮；8—涡轮罩；9—涡轮毂；10—罩轮；11—弹性板

由此可见，T_1 涡轮和 T_2 涡轮是否共同工作是随着外载荷的变化使超越离合器的接合和脱开自动进行而不需人为控制的。这就使双涡轮液力机械传动特别适合装载机行驶时的高速轻载及作业时的低速重载工况。

应当指出，随着输出轴转速的逐渐降低，T_1 涡轮作用的转矩愈来愈大，T_2 涡轮作用的转矩愈来愈小，到达制动工况时，几乎只有 T_1 涡轮的转矩通过齿轮减速（转矩增大）后传给输出轴。

（4）变速泵、操纵阀的结构及工作原理

变速泵的组成及外形如图 4-10 所示。

变速泵通过软管和滤网从变速箱油底壳中吸油。泵出的压力油从箱体壁上的孔流出，经软管到滤油器过滤（当滤芯堵塞使阻力大于滤芯正常阻力 0.08～0.12MPa 时，里面的旁通阀开启通油），再经软管及箱体内管道进入变速操纵阀（详见图 4-11），至此，压力油分为两路：一路经调压阀（调节压力为 1.1～1.5MPa）、离合器切断阀进入变速操纵分配阀，根据变速阀杆的不同位置分别经油路 D、B 和 A 进入 Ⅰ 挡、Ⅱ 挡和倒挡油缸，完成不同挡位的工作（有关变速操纵阀及变速箱的结构和工作原理详见变速箱的结构及工作原理）；另一路经箱壁内管道进入变矩器。软管是变矩器支承壳体

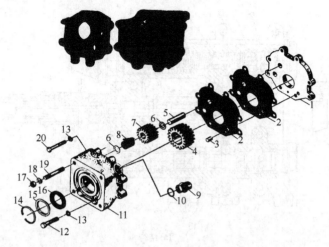

图 4-10　变速泵的组成及外形

1—泵盖；2—密封垫；3—圆柱销；4—大齿轮；5—轴；6,15—挡环；7—小齿轮；

8—滚针；9—管接头；10—O 形密封圈；11—泵体；12,20—螺栓；

13,18—垫圈；14—挡圈；16—油封；17—螺母；19—螺柱

与散热器之间的进、回油管。经过散热冷却后的低压油回到变矩器支承壳体的孔 J，润滑超越离合器和变速箱各行星排后流回油底壳。压力阀保证变矩器进口油压不超过 0.56MPa，而其出口油压不超过 0.45MPa。背压阀保证润滑油压力不超过 0.2MPa，超过此值即打开泄压。这两个阀只限制油的最高压力，其具体压力随柴油机转速变化而变化。

（5）ZL50 轮式装载机电液换挡定轴式变速器

自 1996 年以来，我国有代表性的 ZL50 轮式装载机上开始出现了微电脑集成控制的电液换挡定轴式变速器，该变速器的型号为 4WG200，是按德国采埃孚（ZF）公司技术生产的产品。2000 年以来，该变速器作为我国当前代表更新换代产品的标志性先进技术之一，逐步应用到换代产品上。许多主要装载机制造企业生产的代表当前最高技术水平的第三代 ZL50 轮式装载机上，其传动系统基本上都采用了该变速器总成。由于价格的原因，目前在我国国内市场应用得还不是太多。最近两三年来，每年装机量在 2000～4000

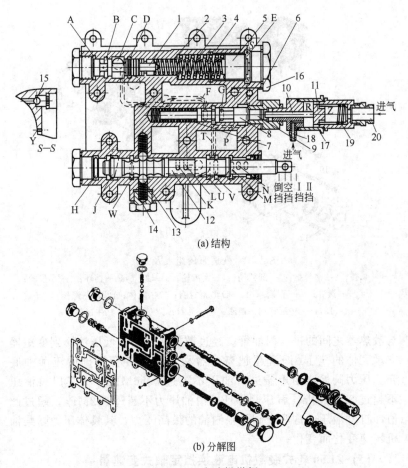

(a) 结构

(b) 分解图

图 4-11　变速操纵阀

1—减压阀杆；2,3,7,14,19—弹簧；4—调压阀；5—柱塞；6—垫圈；
8—刹车阀杆；9—圆柱塞；10—气阀杆；11—气阀体；12—分配阀杆；
13—钢球；15—单向节流阀；16—螺塞；17—皮碗；18,20—接头

台之间，目前有快速上升的趋势。由于市场拥有量还比较少，因此本节不作过多介绍。由于它代表了今后我国轮式装载机传动技术发展方向之一，同时目前国内已有好几家企业，包括主机企业及配套件企业，已研制了或正在研制这种用于 ZL50 轮式装载机的变速

器，ZL60型、ZL30型等类似变速器的研制工作也已开始，因此这里有必要简单介绍4WG200变速器总成的概况及其先进性。

① 4WG200变速器的特点　4WG200变速器的外形及其内部结构如图4-12所示，传动系统如图4-13所示。

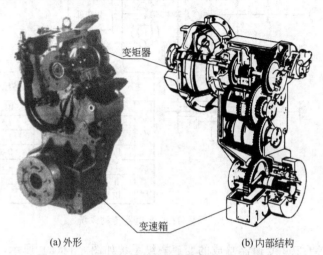

变矩器

变速箱

(a) 外形　　　　　　　　　　　　　(b) 内部结构

图4-12　4WG200变速器的外形及其内部结构

从图4-12及图4-13中可以看出，该变速器总成是由三元件简单变矩器与四个前进挡、三个后退挡组成的定轴式变速箱组成，其结构及工作原理与定轴式变速器没有根本区别，其区别在于安装布置上稍有不同。定轴式变速器变矩器与变速箱是分置的，其间用主传动轴连接，而4WG200变速器其变矩器与变速箱是直接连接为一整体。另外，4WG200变速器内部所有的齿轮采用的是鼓形齿，且都经过磨齿，因此其承载能力更强，噪声更小，整个总成的体积比定轴式变速器的体积要小得多。

② 4WG200变速器的电液控制系统　ZL50轮式装载机所用4WG200变速器与定轴式变速器在结构及工作原理上并没有本质的差别，但在操纵控制方面，定轴式变速器有三根较长的操纵杆，操纵起来既不灵活方便，劳动强度又大，作业效率低，而4WG200变速器变速操纵为微电脑集成控制的电液换挡，司机完成变速器操作相当于按电钮，同时操纵的合理性可由微电脑来安排与完成。

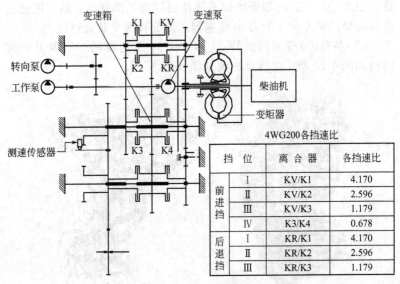

变速箱	K1	KV	变速泵		

转向泵

工作泵

柴油机

变矩器

K2　KR

测速传感器

K3　K4

4WG200各挡速比

挡　位		离合器	各挡速比
前进挡	Ⅰ	KV/K1	4.170
	Ⅱ	KV/K2	2.596
	Ⅲ	KV/K3	1.179
	Ⅳ	K3/K4	0.678
后退挡	Ⅰ	KR/K1	4.170
	Ⅱ	KR/K2	2.596
	Ⅲ	KR/K3	1.179

图 4-13　4WG200 变速器传动系统

　　4WG200 变速器总成的变速操纵系统如图 4-14(a) 所示，其操纵手柄位置如图 4-14(b) 所示。从图 4-14(a) 可以看出，4WG200 变速器总成的变速操纵系统由 EST-17T 变速箱换挡电控盒 1、4WG200 变速箱 2、DW-2 换挡选择器 3、电液变速操纵阀 7 及一些电线电缆等零部件组成。

　　该变速箱的变速操纵为电脑-液压半自动控制，因此在变速操纵方面有许多特点：第一，变速操纵冲击力很小，换挡十分平稳，因换挡相当于接通或断开一个电源开关，因此操纵非常灵活、方便，操纵力很小；第二，换挡操作非常简便，换挡时［图 4-14(b)］只需轻轻前后转动 DW-2 上的换挡转套，即可获得前进Ⅰ～Ⅳ挡或后退Ⅰ～Ⅲ挡，只需将换向操纵杆轻轻向前或向后扳动，即可实现前进或后退。

　　该变速操纵还有三项特殊功能，即"KD"功能、换挡锁定功能及空挡启动功能。在铲装作用过程中，为提高作业效率，一般情况下都以较高的作业速度（Ⅱ挡）操作。当装载机接近料堆、需要

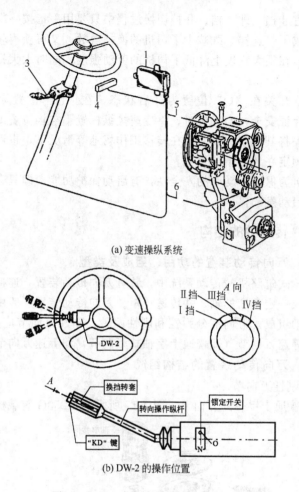

(a) 变速操纵系统

(b) DW-2 的操作位置

图 4-14　4WG200 变速器变速控制系统

1—变速箱换挡电控盒（内装 EST-17T 电脑控制板）；2—4WG200 变速箱；
3—DW-2 换挡选择器；4—整车电路；5—变速箱控制换挡操纵电缆；
6—输出转速传感器电缆；7—电液变速操纵阀

大的插入力时，可用手指轻轻按一下 DW-2 端部的 "KD" 键，这
时变速箱挡位自动降为前进 I 挡。铲装作业完后，将操纵杆置于后
退位置，这时变速箱又自动将挡位挂到后退 II 挡，再推上前进挡时

变为前进Ⅱ挡，即Ⅰ挡、Ⅱ挡切换过程中只要用手指按一次"KD"键就完成了。这样，既减少了司机的换挡次数，又可获得较高的作业速度，在很大程度上降低了司机的劳动强度，同时大大提高了作业效率。

锁定开关在"O"位置为开启状态，在"N"位置为锁定状态。为保证安全，当停机时，将变速操纵杆置于空挡位置即可利用锁定开关将其锁定。同时，在转移工作场地等情况下，也可利用锁定开关锁定在某一个挡位上。

该机为保证启动时的安全性，有启动保护功能，即只有挂上空挡才能启动发动机。

4.1.3 传动轴的结构

(1) 万向传动装置的功用、组成及类型

在轮式筑路机械传动系统中，装有万向传动装置，连接两根不同心或成一定角度的轴，并传递转矩。万向传动装置一般由万向节和传动轴组成。万向节分弹性和刚性两种。刚性万向节应用广泛，分为不等速万向节（即普通十字轴式万向节）和等速万向节。

(2) 万向传动装置的结构组成

① 刚性万向节

a. 普通十字轴式万向节 图 4-15 所示为 ZL50G 装载机采用的

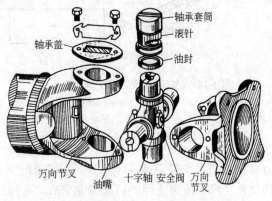

轴承套筒
滚针
油封
轴承盖

万向节叉
油嘴
十字轴 安全阀
万向节叉

图 4-15 普通十字轴式刚性万向节

普通十字轴式刚性万向节。两个万向节叉用十字轴相连,在十字轴轴颈和万向节叉孔之间装有滚针轴承。轴承套筒外端有一轴承盖,用螺钉固定在节叉上,并用锁片锁紧。十字轴的中心装有黄油嘴,轴颈内端装有带金属座圈的毛毡油封。

有的万向节,其万向节叉上与十字轴轴颈配合的圆孔不是一个整体,而是采用瓦盖形轴承盖,两者如连杆轴承盖一样用螺栓紧固。这类万向节必须按规定扭矩拧紧螺栓。

b. 等速万向节

ⅰ. 球叉式等速万向节　图 4-16 所示为球叉式等速万向节。主动叉和从动叉分别与叉轴制成一体。在主、从动叉上各有四个曲面凹槽,装合后形成两个相交的环形槽,作为钢球滚道。四个传力钢球放在槽中,中心钢球放在两叉中心的凹槽内,以定中心。在中心钢球上铣出一个凹面,凹面中央有一深孔。装合时,先将定位销装入从动叉内,再放入中心钢球,在两球叉中放入传力钢球,再将中心钢球的孔对准从动叉孔,提起从动叉轴使定位销插入球孔中,最后将锁止销插入从动叉上与定位销垂直的孔中。这种万向节工作时,只有两个钢球传力,反转时,另外两个钢球传力。在不少轮式机械的转向驱动桥中采用这种万向节。

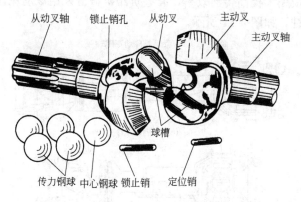

图 4-16　球叉式等速万向节

ⅱ. 球笼式等速万向节　图 4-17 所示为球笼式等速万向节。

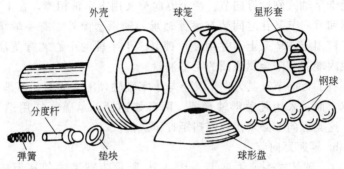

图 4-17　球笼式等速万向节

外壳与轴制成一体，星形套通过花键与另一轴相连。六个钢球装在球笼内，并分别和外壳及星形套的内、外球道接触。球形盘顶住球笼的末端，分度杆在弹簧的作用下压在轴端的垫块上。这种万向节，无论正转或反转，六个钢球均传力。小型机械一般不采用这种万向节。

　　② 传动轴　ZL50C 装载机有两根传动轴，如图 4-18 所示。它用空心钢管制成，并经过动平衡试验。传动轴的一端有花键轴和套管叉，可使传动轴的长度自由变化。为了减少花键轴与套管叉之间的摩擦损失，提高传动效率，有些筑路机械已采用滚动花键来代替滑动花键，如图 4-19 所示。

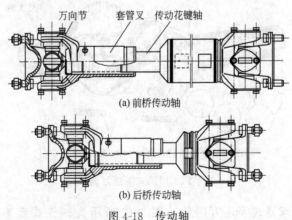

(a) 前桥传动轴

(b) 后桥传动轴

图 4-18　传动轴

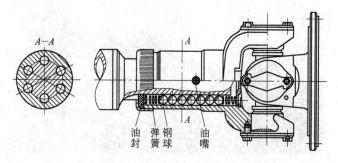

油封　弹簧　钢球　油嘴

图 4-19　滚动花键传动轴

4.1.4　装载机的驱动桥

（1）驱动桥的功能

装载机驱动桥的基本功能是通过主传动及轮边减速，降低从变速箱输入的转速，增加转矩，来满足主机的行驶及作业速度与牵引力的要求。同时，还通过主传动将直线方向的运动转变为垂直横向方向的运动，从而带动驱动轮旋转，使主机完成沿直线方向行驶的功能。另外，通过差速器完成左右轮胎之间的差速功能，以确保两边行驶阻力不同时仍能正常行驶。

轮式装载机的驱动桥除完成基本功能外，还是整机的承重装置、行走轮的支承装置、行车制动器的安装与支承装置等。因此，驱动桥在轮式装载机中是一个非常重要的传动部件（图 4-20）。

（2）驱动桥的结构及工作原理

ZL50 轮式装载机驱动桥分前桥和后桥，其区别在于主传动中的螺旋锥齿轮副的螺旋方向不同。前桥的主动螺旋锥齿轮为左旋，后桥则为右旋，其余结构相同（图 4-21）。

ZL50 轮式装载机驱动桥的结构如图 4-22 所示。该驱动桥主要包括桥壳 35、主传动器 1（包括差速器）、半轴 5、轮边减速器（包括行星轮架 18、内齿轮 19、行星轮 21、行星齿轮轴 23、太阳轮 28 等）、轮胎 14 及轮辋 34 等。

① 桥壳安装在车架上，承受车架传来的载荷并将其传递到车

图 4-20 后桥总体结构（AP400 驱动桥）

图 4-21 驱动桥主传动器

轮上。桥壳又是主传动器、半轴、轮边减速器的安装支承体。

② 主传动器是一级螺旋锥齿轮减速器，传递由传动轴传来的转矩和运动。

③ 差速器是由两个锥形的直齿半轴齿轮、十字轴、四个锥形直齿行星齿轮及左、右差速器壳等组成的行星齿轮传动副。它对左、右两车轮的不同转速起差速作用，并将主传动器的转矩和运动传给半轴。

④ 左、右半轴为全浮式，将从主传动器通过差速器传来的转矩和运动传给轮边减速器。

⑤ 轮边减速器为一行星齿轮机构。内齿圈经花键固定在桥壳两端头的轮边支承上，它是固定不动的。行星架和轮辋由轮辋螺栓固定成一体，因此轮辋和行星架一起转动，其动力通过半轴、太阳轮再传到行星架上，参见图 4-23。

⑥ 轮胎轮辋总成是主要的行走部件。ZL50 轮式装载机一般都采用内径为 23.5～25in（1in=25.4mm）轮胎，属低压、宽基轮胎，其断面尺寸大、弹性好、接地比压小，在软基路面上下陷小，通过性能好，在凹凸路面上，缓冲性能好。总之，在恶劣的作业路

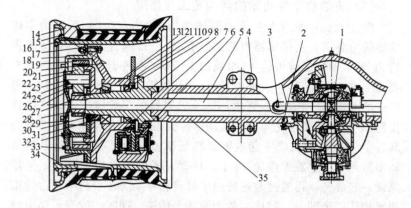

图 4-22　ZL50 轮式装载机驱动桥的结构

1—主传动器；2,4,32—螺栓；3—透气管；5—半轴；6—盘式制动器；7—油封；8—轮
边支承轴；9—卡环；10,31—轴承；11—防尘罩；12—制动盘；13—轮毂；14—轮胎；
15—轮辋轮缘；16—锁环；17—轮辋轮栓；18—行星轮架；19—内齿轮；20,27—挡圈；
21—行星轮；22—垫片；23—行星齿轮轴；24—钢球；25—滚针轴承；26—盖；
28—太阳轮；29—密封垫；30—圆螺母；33—螺塞；34—轮辋；35—桥壳

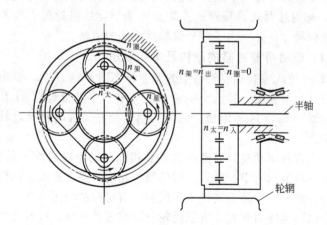

图 4-23　轮边行星传动原理

面上，这种轮胎均有良好的越野性能和牵引性能。

(3) 驱动桥主传动器的结构及工作原理

图 4-24(a) 所示为主传动器的结构，图 4-24(b) 所示为主传动器的分解图。主传动器由两部分组成：一部分是由主动螺旋锥齿轮 20 和从动螺旋锥齿轮 35 组成的主传动；另一部分是由差速器左壳 42、差速器右壳 34、锥齿轮 38、半轴锥齿轮 41、十字轴 39 等组成的差速器。托架 23 为主传动及差速器的支承体。主动螺旋锥齿轮 20 直接安装在托架上，从动螺旋锥齿轮 35 安装在差速器右壳 34 上，与差速器总成一起也安装在托架上。动力由变速箱通过传动轴传到主动螺旋锥齿轮 20 上，驱动从动螺旋锥齿轮带动差速器总成一起旋转，再通过差速器的半轴齿轮将动力传给与半轴齿轮用花键相连的半轴上，完成主传动的动力传递。同时，改变了动力的传递方向，将主动螺旋锥齿轮的直线运动转变为与之轴线成 90°的从动螺旋锥齿轮的横向运动。

图 4-24 所示主动螺旋锥齿轮上装有三个轴承，端部安装的圆柱滚子轴承 21 为辅助支承，此结构为超静定结构，可防止主动螺旋锥齿轮的过大变形。这种超静定结构，如果三个轴承安装部位的形位公差过大，容易引起异常损坏。因此，有的主传动结构没有轴承 21，称为悬臂式。悬臂式为防止主动螺旋锥齿轮过大变形，加大了结构尺寸，并拉大了两个锥轴承之间的距离。

(4) 驱动桥差速器的结构及工作原理

ZL50 轮式装载机驱动桥中的差速器如图 4-24 所示，是由四个锥齿轮（行星齿轮）38、十字轴 39、左和右半轴锥齿轮 41 及左和右差速器壳 42、34 等组成。它的功用是使左、右两驱动轮具有差速的功能。

左、右两驱动轮具有差速功能是指当驱动轮在路面上行驶时，不可避免地要沿弯道行驶，此时外侧车轮的路程必然大于内侧车轮的路程，此外，因路面高低不平或左、右轮胎的轮压、气压、尺寸不一等原因也将引起左、右驱动轮行驶路程的差异，这就要求在驱动的同时应具有能自动地根据左、右车轮路程的不同而以不同的角速度沿路面滚动的能力，从而避免或减少轮胎与地面之间可能产生的纵向滑动，以及由此引起的磨损和在弯道行驶时的功率损耗。

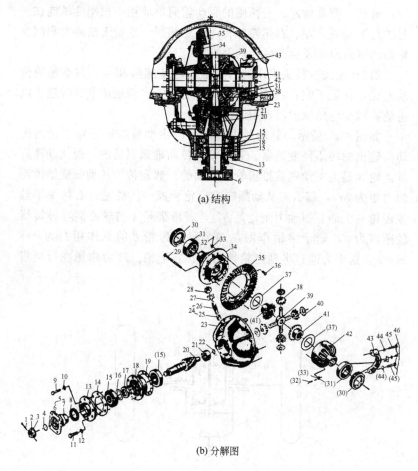

(a) 结构

(b) 分解图

图 4-24 主传动器

1—开口销；2,3—带槽螺母；4—O形密封环；5—输入法兰；6—法兰；7—防尘盖；
8—骨架油封；9,11,36,45—螺钉；10,12,44—垫圈；13—密封盖；14—密封衬垫；
15,31—圆锥滚子轴承；16—垫片；17—轴套；18—轴承套；19—调整垫片；
20—主动螺旋锥齿轮；21—圆柱滚子轴承；22—挡圈；23—托架；24—止推螺栓；
25—铜套；26,29—螺栓；27—锁紧片；28,33—螺母；30—调整螺母；32—销；
34—差速器右壳；35—从动螺旋锥齿轮；37—半轴锥齿轮垫片；38—锥齿轮；
39—十字轴；40—锥齿轮垫片；41—半轴锥齿轮；42—差速器左壳；
43—轴承座；46—保险铁丝

显然，驱动桥左、右两侧的驱动轮简单地用一根刚性轴连在一起进行驱动时，左、右车轮的转速必然相同，这就无法避免和减少轮胎的纵向滑动及由此发生的磨损。

ZL50 轮式装载机采用的行星锥齿轮差速器和左、右半轴的传动方式，保证了左、右轮在驱动的情况下能自动地调节其转速，以避免或减少轮胎纵向滑动引起的磨损。

如图 4-25 所示，驱动桥主传动中的主动螺旋锥齿轮 1 是由发动机输出的转矩经变矩器、变速箱、传动轴来驱动的，而从动螺旋锥齿轮 3 是由主动螺旋锥齿轮 1 驱动的。假定传给从动螺旋锥齿轮的力矩为 M_0，那么与从动螺旋锥齿轮装成一体的左、右两个半轴锥齿轮 6 上的总驱动力矩也是 M_0，若锥齿轮 4 的轮心离半轴轴线的距离为 r，则十字轴作用在四个行星齿轮处的总作用力为 $P = M_0/r$。这个力通过半轴齿轮带动左、右半轴。P 力作用在行星齿

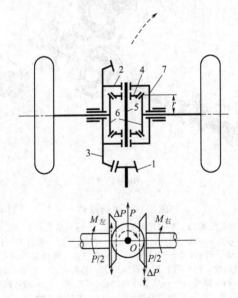

图 4-25　差速器原理

1—主动螺旋锥齿轮；2—差速器右壳；3—从动螺旋锥齿轮；
4—锥齿轮；5—十字轴；6—半轴锥齿轮；7—差速器左壳

轮的轮心处，它离左、右半轴齿轮啮合处的距离是相等的，所以传给左、右两轮的驱动力矩是相等的，若此时地面对半轴轴线的阻力矩相等，半轴与差速器壳及从动螺旋锥齿轮的阻力矩也相等，则行星齿轮和半轴齿轮之间不产生相对运动，半轴与差速器壳及从动螺旋锥齿轮以相同的转速一起转动，好像左、右驱动轮是由一根轴连在一起驱动的一样。

若由于某种原因，左、右两轮与地面接触处对半轴轴线作用的阻力矩不相等。例如，左轮的阻力矩为 $M_左$，右轮的阻力矩为 $M_右$，它们之间的差值为 ΔM，即 $|M_左 - M_右| = \Delta M$，若力矩 ΔM 大于使行星齿轮转动时所需克服内部阻力的力矩时，行星齿轮就会绕其自身的轴线 O 转动起来，使左半轴齿轮与右半轴齿轮以相反的方向转动。由此可见，只要左、右两轮的阻力矩相差一个克服差速器内部转动摩擦力的力矩，就能使左半轴与右半轴分别以各自的转速转动，也就起到了差速的作用。

在一般常用的差速器中，克服行星齿轮转动时摩擦力所需的力矩和驱动力矩相比是很小的，可以忽略不计。

因此，ZL50 轮式装载机采用的这种差速器，只能将相同的驱动力矩传给左、右驱动轮，当两侧驱动轮受到不同的阻力矩时，就自动改变速度，直至两轮的阻力矩基本相等。

概括成一句话，那就是装有这种差速器的驱动桥在传递力矩时，左、右驱动轮之间只能差速，而不能差力。

以驱动桥沿弯道行驶为例，此时外侧车轮要比沿直线行驶时滚过较长的路程，若差速器中行星齿轮转动时的摩擦力企图阻止车轮沿路面上较长的轨迹滚动，那么将在轮胎与地面之间产生滑动，地面也将对轮胎作用一个滑动摩擦力阻止轮胎在地面滑动，从而使车轮滚转并克服行星齿轮的内部摩擦阻力，这样，外侧驱动轮就滚过了较长的路程，避免或减少了轮胎在地面上可能产生纵向滑动而引起磨损。内侧车轮在沿弯道行驶时，要比沿直线行驶时滚过较短的路程，使之不产生纵向滑动的原理和外侧车轮是相同的。

4.2 装载机的行驶系统

行驶系统的功用是接受由发动机经传动系统传来的转矩，并通过车轮与路面间的附着作用，产生路面对机动车的牵引力，保证车辆正常行驶。轮式机动车行驶系统一般由车架、驾驶室、车轮、悬架组成。

（1）车架

车架是全车的装配基体，它将机动车的各相关总成连接成一个整体。车架上装有发动机、变速器、离合器等，铸铁的平衡重放在车架后部。

（2）驾驶室

驾驶室位于车架前端上部，使驾驶员视野开阔，便于驾驶。一般来说，各种操纵手柄或踏板布置在驾驶室内。

（3）车轮与轮胎

车轮与轮胎是轮式机动车行驶系统中的重要部件，其功用是：支承整车的重量；减缓由路面传来的冲击力；通过轮胎同路面间存在的附着力来产生驱动力和制动力。

① 车轮　是介于轮胎和车辆之间承受负荷的旋转组件，它由轮毂、轮辋、轮辐组成。

② 轮胎　轮式机动车一般都采用充气轮胎，它富有弹性，能与机动车缓冲装置共同来减缓和吸收因道路不平产生的冲击和振动。同时，还能保证车轮与路面很好地附着，不致打滑。按胎内的充气压力大小，充气轮胎可分为高压胎、低压胎和超低压胎三种。目前，工程机械车辆几乎全部采用低压胎，因为低压胎弹性好，断面宽，与道路接触面大，壁薄而散热性良好。这些特点提高了机动车行驶的平顺性及转向操纵的灵活性。此外，道路和轮胎本身的寿命也得以延长。

（4）悬架

悬架是车架与车桥（或车轮）之间的一切传力连接装置的总称。它的功用是把路面作用于车轮上的力传递到车架上，以保证车辆的正常行驶。机动车的悬架尽管有各种不同的结构，但是一般都由弹性元件、减振器和导向机构（推力杆）三部分组成。它们分别起缓冲、减振和导向的作用，而三者共同的任务则是传力。

4.3 装载机的转向系统

4.3.1 转向系统的类型及特点

（1）转向系统简介

目前，国内轮式装载机的转向方式也经历了 180°回转式、偏转车轮式以及 Z450 铰接车架式，20 世纪 80 年代末引进了先导控制的流量放大转向系统，更进一步完善了操作性能。20 世纪 80 年代中期随着负荷传感器全液压转向器的研制成功，出现了 80～250mL/min 负荷传感器全液压转向器和 160mL/min 优先阀，满足了国内液压转向系统对节能元件的配套要求，为轮式装载机转向系统向负荷传感节能型的全面变革奠定了核心部件的基础（图4-26）。

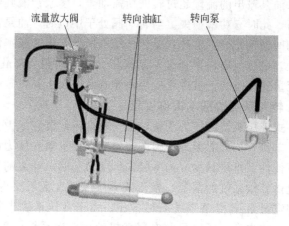

图 4-26　全液压转向器系统

（2）转向系统的类型

装载机转向系统有液压助力转向系统、全液压转向系统（如负荷传感转向、流量放大转向）几种典型系统。流量放大转向系统又分为独立式与合流式，双泵合分流转向优先的卸荷系统是合流式的流量放大转向系统。液压助力转向器位置如图 4-27 所示。

图 4-27　液压助力转向器位置

（3）转向系统的特点

液压转向系统按转向油泵所供给的油压力和流量不同，可分为常流式液压系统和常压式液压系统。常流式液压系统中的供油量不变。如果油泵输出的流量超过转向所需油量，多余油液则经溢流阀返回油箱，此时有功率损失。当转向阀处于中位时，油泵输出的油经转向阀回油箱卸荷。常流式系统的结构简单，制造成本低，如果设计合理，也可减小功率损失，系统压力随转向阻力变化而变化，是一种定量变压系统，被广泛应用在轮式装载机上。

（4）转向系统的基本工作过程

常压式液压系统的压力为恒定值，转向系统能在压力大致不变的情况下工作。如果需要减小转向流量时，则油泵在压力调节机构的作用下使油泵排量减少。当不转向即无负荷时，油泵的排量减至最低，仅供补偿系统的漏泄。常压式系统除用变量泵获得常压外，也可采用定量泵-蓄能器系统获得常压。由于常压系统中的变量泵结构复杂，成本高，所以目前在装载机液压转向系统中采用不多。而采用定量泵-蓄能器常压系统也比常流系统的成本高，且蓄能器在总体布置上也困难，使用中还要定期补充氮气。因此，目前国内装载机的液压转向系统多采用常流式液压系统。国外中大吨位的装载机有些转向系统采用蓄能器保持常压，使系统保持平稳的转向运动。

4.3.2　几种常见的转向系统

装载机的工作特点是灵活、作业周期短，转向频繁、转向角度大，大多采用车架铰接形式，作业时间转向阻力较大。为改善驾驶人员操作时的劳动强度、提高生产率，轮式装载机采用液压动力转向方式。

国内轮式装载机的主导产品以 ZL50 为主，占 65％以上。其主要厂家生产的产品全都采用了全液压转向系统，但采用方式分几种不同的情况。

早期柳工和厦工生产的 ZL40 和 ZL50 装载机，采用的是机械反馈随动的液压转向系统，但在油路设计上各有特点和不同。前者将转向系统和工作装置液压系统用流量转换阀联系在一起，形成三泵双回路能量转换液压系统，能有效地利用液压能。后者转向液压系统为一个独立的系统，采用稳流阀保证转向机构获得一恒定的能量。

成工的 ZL50B 与柳工的 ZL50C 全液压流量放大转向系统相同。

厦工、龙工的 ZL50C-Ⅱ装载机采用了优先流量放大转向系统，厦工在系统中增加了卸荷阀，可减少泵的排量及降低系统油压的压力损失。

徐工的 ZL50E 装载机、山工的 ZL50D 装载机、常林的 ZLM50E 装载机等均采用了普通全液压转向系统，采用 1000mL/r 排量的大排量转向器转向，转向泵采用 63mL/r 或 80mL/r 排量的齿轮泵，在泵与转向器之间装有单稳阀，使转向流量稳定。但大排量转向器的体积大，性能不及带流量放大阀的系统优越，因此已逐步被一种新的同轴流量放大转向系统所替代。将小排量全液压转向器经特殊改进设计，可起到放大器的作用。同轴流量放大转向系统既起到全液压流量放大系统的作用，又减少了一个流量放大阀，性能优越，结构简单，成本低，有可能取代其他的全液压转向系统。

国内装载机目前采用的转向系统可概括为：机械反馈随动的液

压助力转向系统；普通全液压转向系统；同轴流量放大转向系统；流量放大全液压转向系统；负荷传感器转向系统等。

（1）液压助力转向系统

液压助力转向系统的工作原理如图4-28所示，该系统由齿轮泵、恒流阀、转向机、转向油缸、随动机构和警报器等部件组成。采用前后车架铰接的形式相对偏转进行转向。

两个油缸大小腔油液的进出由转向阀控制，转向阀装在转向机的下端，恒流阀装在转向阀的左侧。转向阀、转向机、恒流阀连成一体装于后车架，转向阀芯随着转向盘的转动上下移动，阀芯最大移动距离为3mm。

装载机转向盘不转时，转向随动阀处于中位，齿轮泵输出的油液经恒流阀节流板③及转向机单向阀⑧进入转向机进口中槽⑭，转向随动阀的中位是常开式的，但开口量很小，约为0.15mm，相当于节流口。转向随动阀有五个槽，中槽⑭是进油的，⑨与⑩分别与转向油缸上、下腔连接，⑮与⑯和回油口⑬相通。进入⑭的压力油通过常开的轴向间隙进入转向油缸，齿轮泵输出的压力油经恒流阀、转向随动阀的微小开口与转向油缸的两个工作腔相通，再通过随动阀的微小开口回油箱。由于微小开口的节流作用使转向油缸的两个工作腔液压力相等，因此油缸前后腔的油压相等，转向油缸的活塞杆不运动，所以前车架和后车架保持一定的相对角度位置，不会转动，机械直线行驶或以某转弯半径行驶，这时反馈杆、转向器内的扇形齿轮及齿条螺母均不动。

转向盘转动时，方向轴作上下移动，带动随动阀芯克服弹簧力一起移动，移动距离约3mm，随动阀换向，转向泵输出的压力油经恒流阀、随动阀进入转向油缸的某一工作腔，转向油缸另一腔的油液通过随动阀、恒流阀回油箱，转向油缸活塞杆伸出或缩回，使车身折转而转向。由于前车架相对后车架转动，与前车架相连的随动杆便带动摇臂前后摆动，摇臂带动扇形齿轮转动，齿条螺母带动方向轴及随动阀芯向相反方向移动，消除阀芯与阀体的相对移动误差，从而使随动阀又回到中间位置，随动阀不再向液压缸通油，转向油缸的运动停止，前车架和后车架保持一定的转向角度。若想加

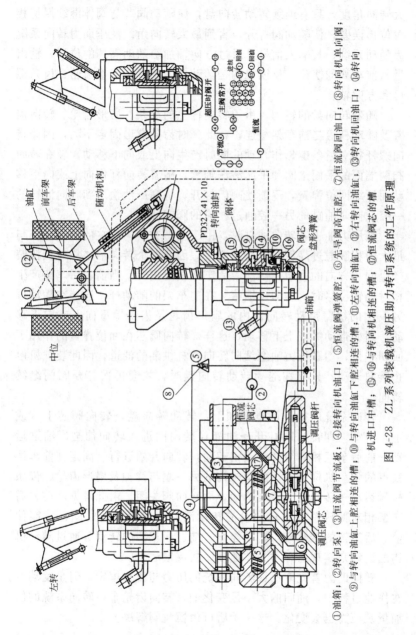

图 4-28　ZL 系列装载机液压助力转向系统的工作原理

①油箱；②转向泵；③恒流阀节流板；④接转向机油口；⑤恒流阀弹簧腔；⑥先导阀高压腔；⑦恒流阀弹簧腔；⑧转向机单向阀；⑨与转向油缸相连的槽；⑩与转向油缸上腔相连的槽；⑪左转向油缸；⑫右转向油缸；⑬转向机回油口；⑭转向机进油口；⑮转向机进油口；⑯与转向机相连的槽；⑰恒流阀芯的槽

大转向角度，只有继续转动转向盘，使随动阀芯与阀体继续保持相对位移误差，使随动阀打开，直到最大转向角。液压助力转向系统为随动系统，其输入信号是通过方向轴加给随动阀芯的位移，输出量是前车架的摆角，反馈机构是随动杆、摇臂、扇形齿轮、齿条螺母和方向轴。

随着转向盘的转动，由于转向杆上的齿条、扇形齿轮、转向摇臂及随动杆等与前车架相连，在此瞬时齿条螺母固定不动，因此转向螺杆相对齿条螺母作转动的同时产生向上或向下移动。装在转向阀两端面的平面垫圈和平面滚珠轴承，随着转向杆作向上或向下移动而压缩回位弹簧，逐渐使阀门打开，将高压油输入到转向油缸的一腔，同时油缸的另一腔通过相应的阀门回油。

当压力油进入转向油缸时，由于左、右转向油缸的活塞杆腔与最大面积腔通过高压油管交叉连接，因此两个转向油缸相对铰接销产生同一方向的力矩，使前、后车架相对偏转。当前、后车架产生相对偏转位移时，立即反馈给装在前车架的随动杆，连接在随动杆另一端的摇臂带动转向机内的扇形齿轮及齿条螺母向上或向下移动，因而带动螺杆上下移动，这样，转向阀芯在回位弹簧的作用下回到中位，切断压力油继续向转向油缸供油的油道，因此装载机停止转向运动。只有在继续转动转向盘时，才会再次打开阀门继续转向。

转向系统的操控可概括如下：转动转向盘→转向阀芯上（或下）滑动，即转向阀打开→油液经转向阀进入转向油缸，油缸运动→前后车架相对绕其连接销转动，转向开始进行→固定在前车架铰点的随动机构运动→随动机构的另一端与臂轴及扇形齿轮、齿条螺母运动→转向阀芯直线滑动，即转向阀关闭。由此可见，前、后车架相对偏转总是比转向盘的转动滞后一段很短的时间，才能使前、后车架的继续相对转动停止。前、后车架的转动是通过随动机构的运动来实现的，称为"随动"式反馈运动。

转向助力首先应保证转向系统的压力与流量恒定，但是发动机在作业过程中，油门的大小是变化的，转向齿轮泵往转向系统的供油量及压力也会变化。这一矛盾可由恒流阀解决。

当转向泵②供油量过多时，液流通过节流板可限制过多的油流入转向机，而流经恒流阀芯的槽⑰内，经斜小孔进入阀芯右端且把阀芯推向左移动，直至⑰与⑦相通，⑦与油箱相通，此时阀芯就起溢流作用，把来自油泵过多的油液溢流入油箱。

如果油泵的供油经过节流板的压力超过额定值，超压的油液通过阻尼孔进入⑤和⑥，可把先导安全阀调压阀芯的阀门打开，此时⑥与③的压力差增大，自③流经⑰通过斜小孔进入恒流阀芯右端的压力油超过⑤的油压与弹簧力之和，可使阀芯向左移动，直至⑰与⑦相通，此时转向系统的压力就立即降低到额定值。由于系统的压力降至额定值，⑥的压力也随着降低，先导安全阀芯在弹簧的作用下向左移动，直至把阀门重新关紧。

节流板及恒流阀芯可保证转向系统供油量恒定，先导安全阀（调压阀）与恒流阀保证转向系统压力的恒定与安全，使系统压力的变化更为灵敏地得到安全可靠的保证。

（2）全液压转向系统

转向液压系统一般包括动力元件转向泵、流量控制元件、单稳阀、转向控制元件转向器和转向执行元件转向缸。各种转向液压系统的构造及原理各有特点。

装载机全液压转向系统主要有三种形式。

第一种是用一台小排量（200mL/r）以下普通转向器，通过流量放大器来放大流量。这是最早开发的大排量转向系统，需要转向器、流量放大器两种元件组合，空间大，管路长，接口多，能量损失较大。

第二种是采用加长定子转子组件的普通型全液压转向器。取消了流量放大器，结构相对简单，但液压油在转向器中流经的路径远，所以压力损失比较大。流量的增加是靠加长定子转子组件来实现的，轴向尺寸长，重量大，空间受到限制。

第三种是新型的同轴流量放大全液压转向器，具有体积小、重量轻、安装方便的特点，与优先流量控制阀组成负荷传感系统，有明显的节能特点。

全液压转向系统一般用在斗容量较小的装载机上。

该类型的全液压转向系统主要由转向油泵、同轴流量放大器、优先阀、单向缓冲补油阀块、转向油缸及油箱、冷却器、管路等组成，如图 4-29 所示，转向系统与工作液压系统共用一个油箱。

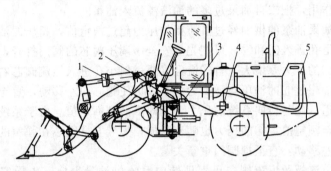

图 4-29　同轴流量放大器和优先阀组成的全液压转向系统布置
1—转向油缸；2—TLF1 型转向器；3—优先阀；4—转向油泵；5—冷却器

(3) 流量放大全液压转向系统

流量放大转向系统主要是利用低压小流量控制高压大流量来实现转向操作的，特别适合大、中型功率机型。流量放大全液压转向系统目前在国产装载机上的应用越来越广泛，系统具有以下特点：操作平衡轻便、结构紧凑、转向灵活可靠；采用负载反馈控制原理，使工作压力与负载压力的差值始终为一定值，节能效果明显，系统功率利用合理；采用液压限位，减少机械冲击；结构布置灵活方便。

流量放大转向系统有独立型与合流型两种。独立型流量放大全液压转向系统与工作液压系统供油各自独立；合流型流量放大全液压转向系统由液压油源供油，双泵合分流转向优先的卸荷系统是合流型的流量放大转向系统。

流量放大转向系统主要由流量放大阀、转向限位阀、全液压转向器、转向油缸、转向泵及先导泵等组成，如图 4-30 所示。

流量放大系统的主要内涵是流量放大率。流量放大率的概念是指转向控制流量放大阀的流量放大率，即先导油流量的变化与进入转向油缸油流量的变化的比例关系。例如，由 0.7L/min 的先导油

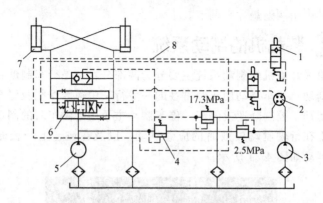

图 4-30   流量放大转向系统

1—限位阀；2—转向器；3—先导泵；4—压力补偿阀；5—转向泵；
6—主控制阀芯；7—转向油缸；8—流量放大阀

的变化引起 6.3L/min 转向液压油缸油流量的变化，其放大率
为9∶1。

全液压转向器输出流量与转速成比例，转速快则输出流量大，
转速慢则输出流量小。流量放大阀的先导油由其供给。转动转向盘
即转动全液压转向器，全液压转向器输出先导油到流量放大阀主阀
芯一端，此流量通过该端节流孔的主阀芯两端产生压差，推动主阀
芯移动，主阀芯阀口打开，转向泵的高压大流量油液经主阀芯阀口
进入转向油缸，实现转向。转向盘转速快，输出先导油流量大，主
阀芯两端的压差就大，阀芯轴向位移也大，通流面积就大，输入到
转向油缸的流量就大，从而实现了流量的比例放大控制。

左、右限位阀的功能是防止车架转向到极限位置时，系统中大
流量突然受到阻塞而引起压力冲击。当转向将到达极限位置时，触
头碰到前车架上的限位挡块，将先导油切断，从而控制油流逐步减
少，避免冲击。

流量放大阀内有主控制阀芯，其功能是根据先导油流来控制其
位移量，从而控制进入转向油缸的油流量。该阀芯由一端的回位弹
簧回位，并利用调整垫片调整阀芯中位。

流量放大阀同时作为转向系统的卸荷阀及安全阀，转向泵的有

效流量可用调整垫片来调节。

4.4 装载机的制动系统

轮式装载机的制动系统主要分为两部分：一是行车制动；二是停车制动。行车制动用于经常性的一般行驶中速度控制及停车，也称脚制动，控制降速或停车。停车制动主要用于停车后的制动，或者用于在行驶制动失效时的应急制动，以及在坡道上较长时间停车。制动如图 4-31 所示。

图 4-31　ZL50G 制动系统

4.4.1 制动系统的类型

轮式装载机的停车制动器一般有三种结构：带式、蹄式和钳盘式。停车制动器的驱动方式也由软轴机械操纵逐渐发展成气动机械操纵和液压操纵。由于带式结构制动器外形尺寸大，不易密封，沾水、沾泥以后制动效率显著下降，因此被蹄式结构逐步取代。大型轮式装载机上普遍采用液压操纵的钳盘式结构。现在，随着全液压制动系统的推广应用，钳盘式结构的停车制动器使用呈上升趋势。

目前装载机的行车制动器，采用封闭结构的多片湿式制动器。其行车制动的驱动机构都是加力的，采用空气制动、液压制动、气顶油综合制动等不同的结构方案。由于气顶油综合制动能获得较大的制动力，而且制造技术成熟，成本相对低廉，所以国内生产的轮式装载机都普遍采用这种结构。

4.4.2 制动系统的工作原理及结构组成

（1）ZL50 轮式装载机制动系统的工作原理

国内各企业生产的 ZL50 型轮式装载机的制动系统，虽然在结构上略有差异，但其工作原理是一致的。具体工作过程如下。

空气压缩机由发动机带动输出压缩空气，经压力控制阀（组合阀或压力控制器）进入空气罐。当空气罐内的压缩空气压力达到制动系统最高工作压力时（一般为 0.78MPa 左右），压力控制阀就关闭通向空气罐的出口，打开卸荷口，将空气压缩机输出的压缩空气直接排向大气。当空气罐内的压缩空气压力低于制动系统最低工作压力时（一般为 0.71MPa 左右），压力控制阀就打开通向空气罐的出口，关闭卸荷口，使空气压缩机输出的压缩空气进入空气罐进行补充，直到空气罐内的压缩空气压力达到制动系统最高工作压力为止。

在制动时，踩下气制动阀的脚踏板，压缩空气通过气制动阀，一部分进入加力器的加力缸，推动加力缸活塞及加力器总泵，将气压转换为液压，输出高压制动液（压力一般为 12MPa 左右），高压制动液推动钳盘式制动器的活塞，将摩擦片压紧在制动盘上制动车轮；另一部分进入变速操纵阀的切断阀的大腔，切断换挡油路，使变速箱自动挂空挡。放松脚制动板，在弹簧力作用下，加力器、切断阀大腔内的压缩空气从气制动阀处排到大气，制动液的压力释放并回到加力器总泵，解除制动，变速箱挡位恢复。

对于具有紧急制动功能的制动系统，其紧急制动的工作原理是：当装载机正常行驶时，紧急和停车制动控制阀是常开的，来自空气罐的压缩空气经过紧急和停车制动控制阀、快放阀，一部分进入制动气室，推动制动气室内的活塞、压缩弹簧，存储能量，另一部分进入变速操纵阀的切断阀的小腔，接通换挡油路，当需要停车或紧急制动时，操纵紧急和停车制动控制阀切断压缩空气，制动气室、切断阀小腔内的压缩空气经过快放阀排入大气，切断换挡油路，变速箱自动挂空挡，同时制动气室内弹簧释放，推动制动气室内的活塞并驱动蹄式制动，实施停车或紧急制动。当制动系统气压低于安全气压（一般为0.3MPa左右）时，紧急和停车制动控制阀能自动动作，实施紧急制动。

(2) 制动系统的主要元部件

轮式装载机的制动系统常包括空气压缩机、压力控制与油水分离装置、空气罐、气制动阀、气顶油加力器、钳盘式制动器、蹄式制动器等。如果具备紧急制动功能，系统中通常还包括紧急和停车制动控制阀、制动气室和快放阀。在制动系统的气路中，往往还连有控制其他附件，如雨刮、气喇叭等气路。

ZL50轮式装载机制动系统的主要元部件是空气压缩机、压力控制与油水分离装置、单向阀、气制动阀、气顶油加力器、钳盘式制动器、紧急和停车制动控制阀、制动气室、快放阀、蹄式制动器，如图4-32所示。

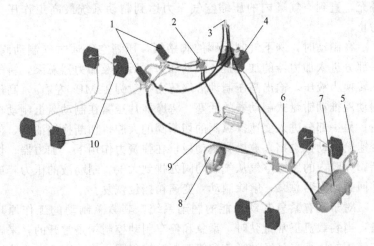

图 4-32　ZL50轮式装载机制动系统

1—制动踏板；2—截止阀；3—手控制动阀；4—加力缸；5—油水分离器组合阀；
6—制动气缸；7—储气罐；8—手制动器；9—变速操纵阀；10—盘式制动器

① 空气压缩机　结构如图4-33所示，是柴油机的附件。它是活塞式（视柴油机不同，分单缸和双缸），空气或发动机冷却水冷

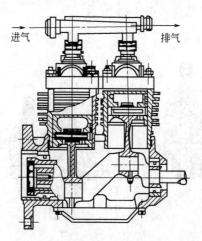

进气   排气

图 4-33 空气压缩机

却，其吸气管与发动机进气管相连通。其润滑油由发动机供给，从发动机引入、油量孔限定的机油进入空气压缩机油底壳，并保持一定高度的油面，以飞溅方式润滑各运动零件，多余部分经油管流回发动机。采用发动机冷却水冷却的空气压缩机，其冷却水道与发动机的相通。

发动机带动空气压缩机曲轴旋转，通过连杆使活塞在气缸内上下往复运动。活塞向下运动时气缸内产生真空，打开吸气阀，吸入空气。活塞向上运动时，吸气阀关闭，压缩气缸内空气，并将压缩空气自排气阀输出。

在不使用压缩空气的情况下，发动机带动空气压缩机连续工作几十分钟，制动系统气压稳定，说明空气压缩机工作正常。若气压急剧变化或经常波动，则应检查空气压缩机的排气阀，进行研磨，保持其密封性。

空气压缩机在工作时不应有大量机油渗入压缩空气内，如果工作 24h 后，在油水分离装置和空气罐中积聚的机油超过 $10\sim16cm^3$ 时，则应检查空气压缩机的窜油原因。

② 压力控制与油水分离装置 比较常见的有两种：组合阀、油水分离器＋压力控制器。

a. 组合阀 结构如图 4-34 所示。

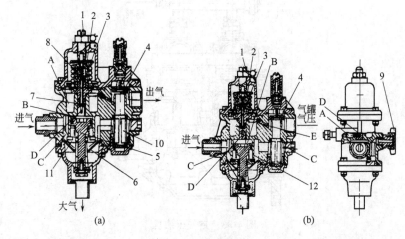

图 4-34 组合阀

1—调整螺钉；2—控制活塞总成；3—阀杆；4—单向阀；5—放气活塞；6—集油器；
7—膜片；8—膜片压板；9—翼形螺母；10—滤芯；11—排气座；12—排气活塞轴承

ⅰ. 油水分离的工作过程 阀门 C 腔为冲击式油水分离器，使压缩空气中的油水污物分离出来，堆积在集油器 6 内，在组合阀排气时排入大气中。滤芯 10 也起到过滤作用，防止油污污染管路，腐蚀制动系统中不耐油的橡胶件。同时，由于压缩空气中的水分被排出，避免了腐蚀空气罐，并且管路不会因冰冻而影响冬季行车安全。

ⅱ. 压力控制的工作过程 当制动系统的气压小于制动系统最低工作压力（出厂时调定为 0.71MPa 左右）时，从空气压缩机来的压缩空气进入 C 腔，打开单向阀 4 后分为两路：一路进入空气罐；另一路经小孔 E 进入 A 腔，A 腔有小孔与 D 腔间相通，这时控制活塞总成 2 及放气活塞 5 不动。气体走向如图 4-34(a) 所示。

当制动系统的气压达到制动系统最低工作压力时，压缩空气将控制活塞总成 2 顶起，此时阀杆 3 浮动。当气压继续升高大于制动系统最高工作压力（出厂时调定为 0.78MPa 左右）时，D 腔内气体将膜片 7 极阀杆 3 顶起，控制活塞总成 2 继续上移，膜片压板 8

在弹簧作用下将控制活塞总成 2 中间的细长小孔的上端封住，同时压缩空气进入 B 腔，克服阻力推动放气活塞 5 下移，打开下部放气阀门，将从空气压缩机来的压缩空气直接排入大气。气体走向如图 4-34（b）所示。

当制动系统的气压回落到制动系统最低工作压力（出厂时调定为 0.71MPa 左右）时，控制活塞总成 2 在弹簧力作用下回位，阀杆 3 推动膜片 7 下移，封住 B、D 腔相通的小孔，控制活塞总成 2 中间的细长孔上端打开，B 腔内残留气体通过控制活塞总成 2 中间的细长小孔进入大气，放气活塞 5 在弹簧力作用下回位，下部放气阀门随之关闭，空气压缩机再次对空气罐充气。

组合阀中集成一个安全阀。当控制活塞总成 2、放气活塞 5 等出现故障，放气阀门不能打开，导致制动系统气压上升达到 0.9MPa 时，右侧上部安全阀打开泄压，以保护系统。

b. 油水分离器 结构如图 4-35 所示。油水分离器用来将压缩空气中所含的水分和润滑油分离出来，以免腐蚀空气罐以及制动系统中不耐油的橡胶件。来自空气压缩机的压缩空气自进气口 A 进

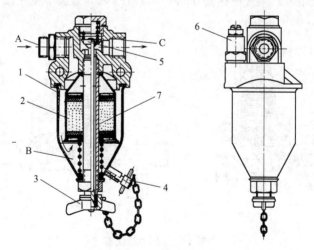

图 4-35 油水分离器
1—罩；2—滤芯；3—翼形螺母；4—放油螺塞；5—进气阀；6—安全阀；7—中央管

入，通过滤芯 2 后，从中央管 7 壁上的孔进入中央管内。进气阀 5 的阀杆被翼形螺母 3 向上顶起，使阀处于开启位置，除去油、水后的压缩空气便自出气口 C 流到压力控制器，再进入空气罐。为防止因滤芯堵塞或压力控制器失效而使油水分离器中气压过高，在盖上装有安全阀 6。旋出下部的放油螺塞 4，即可将凝集的水和润滑油放出。

油水分离器盖上安全阀 6 的开启压力设定为 0.9MPa。

当需要利用空气压缩机对轮胎充气时，可将翼形螺母 3 取下，这时进气阀 5 在其上面的弹簧作用下关闭，使空气罐内的压缩空气不致倒流，而分离油水后的压缩空气则从中央管 7 的下口通过接装在此口上的轮胎充气管充入轮胎。

c. 压力控制器　结构如图 4-36 所示。来自空气压缩机的压缩空气经油水分离器从 A 口进入压力控制器，然后经止回阀 7 自 B 口流出，再经单向阀进入空气罐，这时止回阀 6 在压缩空气作用下关闭，把 A 口和通大气的 D 口隔开。与此同时，压缩空气还通过滤芯 8 进入阀门鼓膜 2 下的气室，因此，该气室中的气压和空气罐中气压相等。当气压达到 0.68～0.7MPa 时，鼓膜 2 受压缩空气的

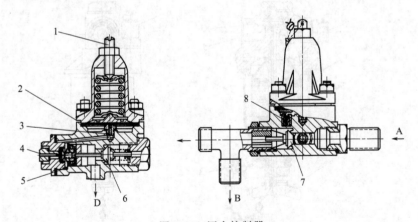

图 4-36　压力控制器

1—调整螺钉；2—阀门鼓膜；3—阀门座；4—放气管；5—皮碗；
6,7—止回阀；8—滤芯

作用克服鼓膜上弹簧的预紧力向上拱起,使压缩空气得以通过阀门座 3 上的孔,经阀体上的气道进入皮碗 5 左边的气室,一面沿放气管 4 排气,另一面推动皮碗 5 右移,推开止回阀 6,使 A 口和 D 口相通。

③ 单向阀

a. 单向阀的功能　单向阀结构如图 4-37 所示。压缩空气从上口进入,克服弹簧 6 的预紧力,推开阀门 7,由下口流入空气罐。在空气压缩机失效或压力控制器向大气排气时,由于弹簧 6 的预紧力和阀门 7 左、右腔的压力差,使阀门 7 压在阀座上,切断了空气倒流的气路,使空气罐中的压缩空气不能倒流。

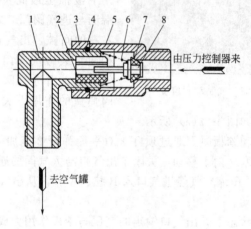

图 4-37　单向阀
1—直角接头;2—阀门导套;3—垫圈;4—密封圈;5—阀体;
6—阀门弹簧;7—阀门;8—阀门杆

b. 单向阀的工作过程　组合阀中有一个胶质的单向阀,当空气压缩机停止工作时,此单向阀能及时阻止气罐内高压空气回流,并使制动系统气压在停机一昼夜后仍能保持在起步压力以上,减少了第二天开机准备时间。同时,在空气压缩机瞬间出现故障时,由于有此阀的单向逆止作用,不致使空气罐内的气压突然消失而造成意外事故。

当需要利用空气压缩机对轮胎充气时，可将组合阀侧面的翼形螺母取下，单向阀关闭，使空气罐内的压缩空气不致倒流，而分离油水后的压缩空气则从充气口，通过接装在此口上的轮胎充气管充入轮胎。

④ 气制动阀 有两种：单管路气制动阀、双管路气制动阀。气制动阀位置如图 4-38 所示。

图 4-38 气制动阀位置

a. 单管路气制动阀 结构如图 4-39 所示。当制动踏板放松时，活塞 3 在回位弹簧 4 作用下被推至最高位置，活塞下端面与进气阀门 7 之间有 2mm 左右的间隙，出气口（与 A 腔相通）经进气阀门中心孔与大气相通，而进气阀门 7 在进气阀弹簧的作用下关闭，处于非制动状态，如图 4-39（a）所示。

踩下制动踏板时，通过顶杆 1 对平衡弹簧 2 施加一定的压力，从而推动活塞 3 向下移动，关闭了出气口与大气间的通道，并顶开进气阀门 7，压缩空气经进气口入 B 腔、A 腔，从出气口输入加力器，产生制动。

在制动状态下，出气口输出的气压与踏板作用力成比例的平衡是通过平衡弹簧 2 来实现的，当踏板作用力一定时，顶杆施加于平衡弹簧的压力也为某一定值，进气阀门打开后，当活塞 3 下腔气压作用于活塞的力超过了平衡弹簧的张力时，则平衡弹簧被压缩，活塞上移，直至进气阀门关闭。此时气压作用于活塞上的力与踏板施加于平衡弹簧的压力处于平衡状态，出气口输出的气压为某一不变的气压，当踏板施加于平衡弹簧的压力增加时，活塞又开始下移，重新打开进气阀门，当活塞下腔的气压增至某一数值，作用于活塞上的力与踏板施加于平衡弹簧的压力相平衡时，进气阀门又关闭，而出气口输出的气压又保持某一不变而比原先高的气压。也就是

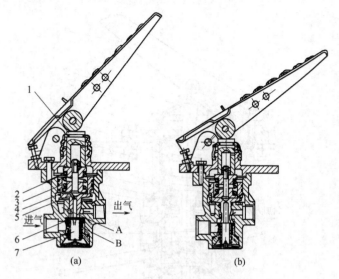

图 4-39　单管路气制动阀
1—顶杆；2—平衡弹簧；3—活塞；4—回位弹簧；
5—螺杆；6—密封片；7—进气阀门

说，出气口输出气压与平衡弹簧的压缩变形成比例，也与制动踏板的行程成比例。

　　b. 双管路气制动阀　结构如图 4-40 所示。A、B 口接空气罐，C、D 口接加力器。当制动踏板 1 放松时，阀门 12、17 在回位弹簧和压缩空气的作用下，将从空气罐到加力器的气路关闭。同时，加力器通过阀门 12、17 和活塞杆 9、16 之间的间隙，再经过活塞杆中间的孔及安装平衡弹簧 6 的空腔，经 F 口通大气。

　　踩下制动踏板一定距离，顶杆 2 推动顶杆座 5、平衡弹簧 6、大活塞 7、弹簧座 8 及活塞杆 9 一起下移一段距离。在此过程中，先是活塞杆 9 的下端与阀门 12 接触，使 C 口通大气的气路关闭。同时，鼓膜夹板 11 通过顶杆 14 使活塞杆 16 下移到其下端与阀门 17 接触，使 D 口通大气的气路也关闭。然后，活塞杆 9 和 16 再下移，将阀门 12 及 17 推离阀座，接通 A 口到 C 口、B 口到 D 口的通道，于是空气罐中的压缩空气进入加力器，同时也进入上、下鼓

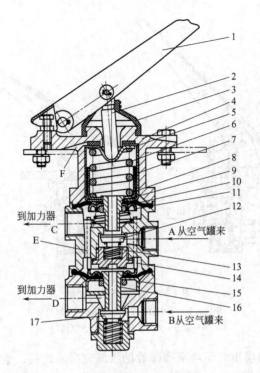

图 4-40 双管路气制动阀

1—制动踏板；2,14—顶杆；3—防尘套；4—阀支架；5—顶杆座；
6—平衡弹簧；7—大活塞；8—弹簧座；9,16—活塞杆；10—鼓膜；
11—鼓膜夹板；12,17—阀门；13—阀门回位弹簧；15—小活塞

膜下面的平衡气室。加力器和平衡气室中的气压都随充气量的增加
而逐步升高。

当上平衡气室中的气压升高到它对上鼓膜的作用力加上阀门回
位弹簧及鼓膜回位弹簧的力的总和，超过平衡弹簧 6 的预紧力时，
平衡弹簧 6 便在上端被顶杆座 5 压住不动的情况下进一步被压缩，
鼓膜 10 带动活塞杆 9 上移，而阀门 12 在其回位弹簧 13 的作用下
紧贴活塞杆下端随之上升，直到阀门 12 和阀座接触，关闭 A 口到
C 口的气路为止，这时 C 口既不和空气罐相通，也不和大气相通而
保持一定气压，上鼓膜处于平衡位置。同理，当下平衡气室的气压

升高到它对下鼓膜的作用力加上阀门回位弹簧及鼓膜回位弹簧的力的总和，大于上平衡气室中的气压对鼓膜的作用力时，下鼓膜带动活塞杆 16 上移，而阀门 17 紧贴活塞杆下端也随之上升，直到阀门 17 和阀座接触，关闭 B 口到 D 口的气路为止，这时 D 口既不和空气罐相通，也不和大气相通，保持一定气压，下鼓膜处于平衡位置。

若司机感到制动强度不足，可以将制动踏板再踩下去一些，阀门 12、17 便重新开启，使加力器和上、下平衡气室进一步充气，直到压力进一步升高到鼓膜又回到平衡位置为止。在此新的平衡状态下，加力器中所保持的气压比以前更高，同时，平衡弹簧 6 的压缩量和反馈到制动踏板上的力也比以前更大。由以上过程可见，加力器中的气压与制动踏板行程（即踏板力）成一定比例关系。

松开制动踏板 1，则上、下鼓膜回复至图 4-40 所示位置，加力器中的压缩空气由 D 口经活塞杆 16 的中孔进入通道 E，与从 C 口进来的加力器中的压缩空气一起，经活塞杆 9 的中孔经安装平衡弹簧的空腔由 F 腔排出，制动解除。

⑤ 气顶油加力器　由气缸和液压总泵两部分组成，比较常用的结构有两种。

a. 结构Ⅰ　气顶油加力器的第一种结构如图 4-41 所示。

制动时，压缩空气推动活塞 2 克服弹簧 5 的预紧力，通过推杆使液压总泵的活塞 10 右移，总泵缸体内的制动液产生高压，推开回油阀 16 的小阀门，通过油管进入钳盘式制动器的油缸。当气压为 0.71～0.784MPa 时，出口的液压为 12MPa 左右。

松开制动踏板，压缩空气从进气口 1 返回，活塞 2 和 10 在弹簧 5 的作用下左移，钳盘式制动器内的制动液经油管返回，推开回油阀 16 流回总泵内。由于弹簧 13 的作用，使制动液回流结束。回油阀 16 关闭时，由总泵至钳盘式制动器的制动管路中保持一定压力，以防止空气从接头或制动器的密封圈等处侵入制动管路。

当迅速松开制动踏板时，总泵活塞 10 在弹簧 5 的作用下迅速左移，但制动液由于黏性未能及时填充总泵活塞退出的空间，使总泵缸内形成真空。这时在大气压力作用下，储油室内的制动液经回油孔 A 穿过活塞 10 头部的 6 个孔，由皮碗周围进入总泵缸内进行

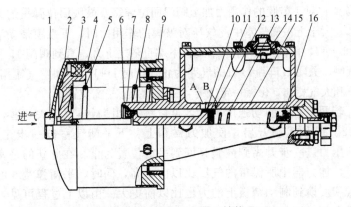

图 4-41　气顶油加力器（结构Ⅰ）

1—进气口；2,10—活塞；3—Y 形密封圈；4—毛毡密封圈；5,13—弹簧；
6—锁环；7—止推垫圈；8—皮圈；9—端盖；11—皮碗；12—弹簧座；
14—加油塞；15—油缸；16—回油阀

填补，避免在活塞回位过程中将空气吸入总泵。活塞 10 完全回位后，补偿孔 B 已打开，由制动管路中继续流回总泵的制动液则经补偿孔 B 进入储油室。当制动管路因密封不良而泄漏一些制动液，或因温度变化而引起总泵、钳盘式制动器和制动管路中制动液膨胀和收缩时，都可以通过回油孔 A 和补偿孔 B 得到补偿。

b. 结构Ⅱ　气顶油加力器的第二种结构如图 4-42 所示。

在非制动状态时，储液罐与加力器的 A、C 腔是相通的。制动液通过小孔 B，由 A 腔流入 C 腔。

制动时，压缩空气推动气缸活塞 1 克服弹簧 2 的阻力，通过活塞杆 3 推动液压总泵活塞 6 右移。与此同时，密封垫 5 封闭小孔 B，分隔加力器的 A、C 腔，C 腔内的制动液产生高压，从而推动钳盘式制动器的油缸实施制动。

松开制动踏板，压缩空气从进气口返回气制动阀，排入大气。气缸活塞 1 和液压总泵活塞 6 在弹簧 2 作用下复位，小孔 B 打开，加力器的 A、C 腔相通，钳盘式制动器油缸内的制动液流回总泵内。若制动液过多，可以经 A 腔流回储液罐内。如果制动踏板松开过快，制动液滞后未能及时随活塞返回，总泵 C 腔内形成真空，

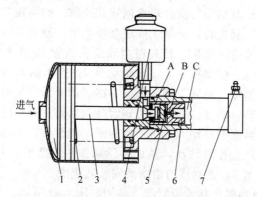

图 4-42　气顶油加力器（结构Ⅱ）

1—气缸活塞；2—弹簧；3—活塞杆；4—储液罐；5—密封垫；
6—液压总泵活塞；7—排气嘴

在大气压力下，储液罐内的制动液经过小孔 B 补充到总泵内，再次踩下制动踏板时，制动效果就可增大。

⑥ 钳盘式制动器　结构如图 4-43 所示。

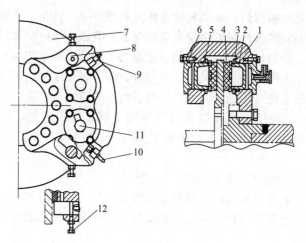

图 4-43　钳盘式制动器

1—夹钳；2—矩形密封圈；3—防尘圈；4—摩擦片；5—活塞；6—缸盖；7—制动盘；8—销轴；9—放气嘴；10—油管；11—管接头；12—止推螺钉

该钳盘式制动器为双缸对置固定式夹钳。制动盘 7 固定在轮毂上，随车轮一起旋转，夹钳 1 固定在桥壳上。制动时，加力器输出的高压制动液进入夹钳，经夹钳内油道及油管 10 进入每个活塞缸内，推动活塞 5 使摩擦片 4 压向制动盘 7，产生制动力矩。解除制动后，压力消除，活塞 5 靠矩形密封圈 2 因变形产生的弹力作用以及制动盘旋转自动复位，制动力矩解除。摩擦片磨损后与制动盘的间隙增大，活塞的移动大于矩形密封圈 2 的变形，活塞 5 和矩形密封圈 2 之间产生相对移动，从而补偿摩擦片的磨损。为防止灰尘、泥水沾污活塞 5，在缸体与活塞间安装防尘圈 3。

⑦ 紧急和停车制动控制阀 结构如图 4-44 所示。

按下阀杆，阀杆下部的阀门总成 7 下移顶在底盖 9 上，排气口封闭，进气口与出气口接通 [气体走向如图 4-44（a）所示]，压缩空气通过紧急和停车制动控制阀进入制动气室，解除停车制动；拉起阀杆，阀门总成 7 上移，进气口封闭，出气口与排气口连通，将制动气室内的压缩空气排出 [气体走向如图 4-44（b）所示]，驱动制动器实施停车制动。

在启动机器后，如果制动系统气压低于 0.4MPa，紧急和停车制动控制阀的阀杆按下去又会自动弹起，是因为此时的气压克服不了弹簧 6 的初始阻力，这样的设置是为了保证机器起步时制动系统具备一定的制动能力。机器正常行驶过程中，如果制动系统出现故障，制动系统气压低于 0.3MPa 时，由于气压过低，克服不了弹簧 6 的张力，阀杆 4 及阀门总成 7 自动上移，切断进气，打开排气口，自动实施紧急制动，由此实现停车制动的手动及自动控制功能。

⑧ 制动气室 结构如图 4-45 所示。

紧急或停车制动时，制动器的松脱和接合是通过制动气室进行的。制动气室固定在车架上，制动气室的杆端与蹄式制动器的凸轮拉杆连接。

在处于停车制动状态时，制动气室的右腔无压缩空气，由于弹簧 1 的作用力，将活塞体 4 推到右端，使蹄式制动器接合。

当制动系统气压高于 0.4MPa 并且按下紧急和停车制动控制阀

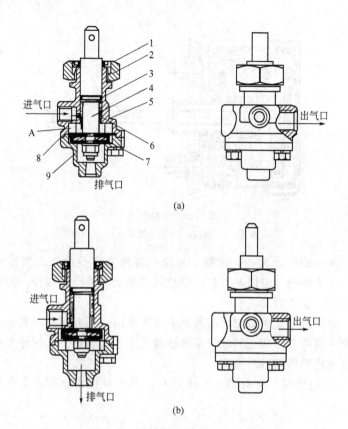

进气口

A

8

9

排气口

1
2
3
4
5

6
7

出气口

(a)

进气口

排气口

出气口

(b)

图 4-44　紧急和停车制动控制阀

1—防尘圈；2—固定螺母；3—O 形密封圈；4—阀杆；5—阀体；6—弹簧；

7—阀门总成；8—密封圈；9—底盖

的阀杆时，压缩空气通过紧急和停车制动控制阀、快放阀，进入制动气室的右腔，压缩弹簧 1 推动活塞 2 左移，双头螺栓 3 带动蹄式制动器的凸轮拉杆运动，使制动器松开，解除停车制动。

在停车后拉起紧急和停车制动控制阀阀杆，或是在机器正常行驶过程中，如果制动系统出现故障，制动系统气压低于 0.3MPa 时，紧急和停车制动控制阀阀杆自动上移，打开排气口，并切断制动气室的进气。制动气室右腔的压缩空气通过紧急和停车制动控制

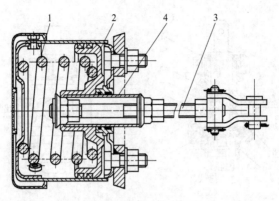

图 4-45　制动气室

1—弹簧；2—活塞；3—双头螺栓；4—活塞体

阀、快放阀排入大气，弹簧 1 复位，将活塞 2 推向制动气室的右端，双头螺栓 3 也同时右移，推动蹄式制动器的凸轮拉杆，使制动器接合，实施制动。

如果机器发生故障无法行驶需要拖车时，而此时停车制动器又不能正常脱开，应把制动气室的连接叉上的销轴拆下，使停车制动器强制松脱后再进行拖车。

⑨ 快放阀　结构如图 4-46 所示。其上口接紧急和停车制动控

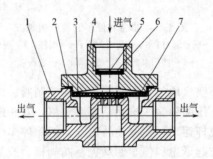

图 4-46　快放阀

1—阀体；2—密封垫；3—橡胶膜片；4—阀盖；

5—挡圈；6—滤网；7—挡板

制阀出气口，左、右两口接制动气室及变速操纵阀的切断阀，下口通大气。其作用是：从紧急和停车制动控制阀来的压缩空气被切断时，使制动气室、切断阀内的压缩空气迅速排出，缩短变速箱挂空挡、制动蹄张紧时间，实现快速制动。

从紧急和停车制动控制阀来的压缩空气经滤网 6 过滤后进入阀体。在气压的作用下，橡胶膜片 3 变形（中部凹进）封闭下部排气口。气体从膜片周围进到左、右两出气口，进入制动气室解除制动，进入变速操纵阀的切断阀接通换挡油路，机器方可起步。气体走向如图 4-47(a) 所示。

当从紧急和停车制动控制阀来的压缩空气被切断时，橡胶膜片 3 上面压力解除，下面的气压就将膜片推向上部进气口，关闭进气口，打开排气口。制动气室、切断阀内的压缩空气从排气口排出，变速箱换挡油路切断，制动蹄张开，实现制动。气体走向如图 4-47(b) 所示。

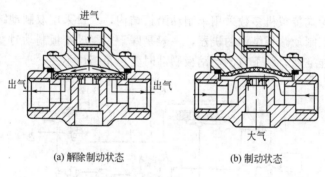

(a) 解除制动状态　　　　(b) 制动状态

图 4-47　快放阀气体走向

⑩ 蹄式制动器　结构如图 4-48 所示，安装在变速箱输出轴前端。蹄式制动器的座板安装在变速箱壳体上，制动鼓安装在变速箱前输出法兰上。

制动时，通过软轴或制动气室拉动拉杆，带动凸轮旋转，从而使两个制动蹄张开压紧制动鼓，利用作用在制动鼓内表面的摩擦力来制动变速箱输出轴。

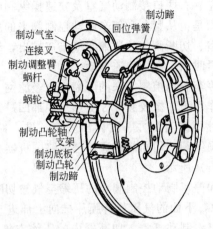

制动蹄
制动气室
回位弹簧
连接叉
制动调整臂
蜗杆
蜗轮
制动凸轮轴
支架
制动底板
制动凸轮
制动蹄

图 4-48　蹄式制动器

4.4.3　几种常见的制动系统

轮式装载机多数采用单制动踏板结构，少量采用双制动踏板结构。双制动踏板结构的机器，一般是踩下左制动踏板制动时变速箱自动挂空挡，踩下右制动踏板制动时变速箱挡位不变。

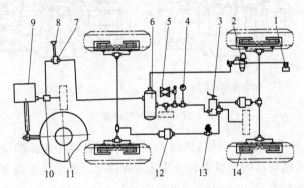

图 4-49　带紧急制动的制动系统

1—空气压缩机；2—组合阀；3—单管路气制动阀；4—气压表；5—气喇叭；6—空气罐；
7—紧急和停车制动控制阀；8—顶杆；9—制动气室；10—快放阀；11—蹄式制动器
（停车制动）；12—加力器；13—制动灯开关；14—钳盘式制动器（行车制动）

几款国内生产的比较有代表性的 ZL50 轮式装载机制动系统如图 4-49～图 4-53 所示。

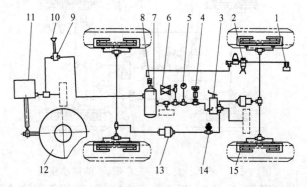

图 4-50　成工 ZL50B 带紧急制动的制动系统

1—空气压缩机；2—组合阀；3—单管路气制动阀；4—刮水阀接头；5—气压表；

6—气喇叭；7—空气罐；8—单向阀；9—紧急和停车制动控制阀；10—顶杆；

11—制动气室；12—蹄式制动器（停车制动）；13—加力器；

14—制动灯开关；15—钳盘式制动器（行车制动）

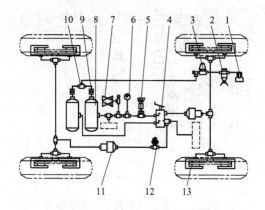

图 4-51　常林 ZLM50B、山工 ZL50D 的制动系统

1—空气压缩机；2—油水分离器；3—压力控制器；4—双管路气制动阀；

5—刮水阀接头；6—气压表；7—气喇叭；8—空气罐；9—单向阀；

10—三通接头；11—加力器；12—制动灯开关；13—钳盘式制动器

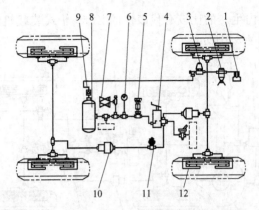

图 4-52　厦工、龙工、临工 ZL50 的制动系统

1—空气压缩机；2—油水分离器；3—压力控制器；4—单管路气制动阀；
5—刮水阀接头；6—气压表；7—气喇叭；8—空气罐；9—单向阀；
10—加力器；11—制动灯开关；12—钳盘式制动器

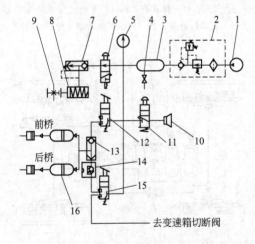

图 4-53　双制动踏板机构系统原理

1—空气压缩机；2—组合阀；3—空气罐；4—放水开关；5—气压表；
6—紧急和停车制动控制阀；7—快放阀；8—制动气室；9—蹄式制动
器（停车制动）；10—气喇叭；11—气喇叭开关；12,15—气制动阀；
13—梭阀；14—单向节流阀；16—加力器

第5章
装载机电气系统

　　装载机的电气设备由电源系统、用电设备（启动系统、点火系统、照明装置、信号装置、电子控制装置、辅助电器）、电气控制装置（各种仪表、报警灯）与保护装置（接线盒、开关、保险装置、插接件、导线）等组成。

　　装载机电气设备的特点是低压、直流、单线制、负极搭铁和并联。"低压"指电气系统的电压等级采用12V和24V两种（标称电压），它是从每单格蓄电池按2V电压计算所得到的数值，并不是电气系统的额定工作电压。12V用于汽油机和部分装有小功率柴油机的内燃装载机上，24V一般用于装用大、中功率的柴油机装载机上。为了使装载机工作时，发电机能对蓄电池充电，装载机电气系统的额定电压为14V和28V。"直流"指启动机为直流电动机，必须由蓄电池供电，而蓄电池电能不足必须用直流电来充电。"单线制"指从电源到用电设备之间只用一条导线连接，而另一条导线则由金属导体制成的发动机机体和装载机车体构成闭合电路的接线方式。"负极搭铁"指采用单线制时，蓄电池的负极必须用导线接到车体上，电气设备与车体的连接点称为搭铁点，即具有正、负极的电气设备，统一规定为负极搭铁。"并联"指装载机所有用电设备都是并联的。

5.1 电源系统

　　装载机的电源系统由蓄电池、发电机、调节器、工作情况指示（充电指示）装置构成。各部件相互协调、共同工作。发电机作为装载机正常工作时的主要电源，向除启动机以外的用电装置供电，并向蓄电池充电。蓄电池作为装载机的第二电源，主要向启动机供电，并在发电机不发电或供电不足时，作为辅助供电电源。发电机的输出电压受调节器的调整，从而保持供电电压恒定。工作情况指示装置用于指示电源系统的工作情况，如发电机是否正常发电，蓄电池处于充电还是放电状态，调节器的工作电压是否正常等。

5.1.1 蓄电池

蓄电池是一种化学能源，是用来放电和接受充电而被重复使用的储能设备，也称为二次电池。

（1）分类

按照蓄电池电解质的性质分，有酸性蓄电池（铅酸蓄电池）和碱性蓄电池。

按照蓄电池用途和外形结构分，有固定型蓄电池和移动型蓄电池（包括车用、船用等）。

按照蓄电池的功能分，有启动型蓄电池（包括普通式、干荷电式和免维护式）和动力（牵引）型蓄电池。

按照蓄电池极板的结构分，有涂膏式、化成式、半化成式和玻璃丝管式等。

装载机上广泛采用启动型铅酸蓄电池，它是以铅及其氧化物和硫酸为主要原料制成的。电动装载机使用的是动力（牵引）型蓄电池。

（2）构造

蓄电池由极板、隔板、电解液、外壳、极柱和连接板组成。每单格的端电压为2V，六个完全相同单格互相串联得到标定电压为12V的蓄电池，如图5-1所示。

① 极板　包括正极板和负极板，由栅架和涂在上面的活性物质组成。正极板栅架上涂的活性物质是二氧化铅（PbO_2），呈棕色；负极板栅架上涂的活性物质是海绵状铅（Pb），呈青灰色。正极板夹于两负极板之间，正极板数量比负极板数量少一片。

② 隔板　它放置在正、负极板之间，避免正、负极板接触造

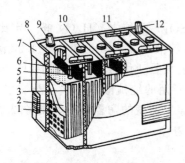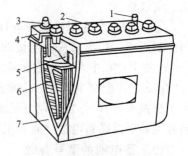

(a) 橡胶壳蓄电池

1—负极板；2—隔板；3—正极板；
4—防护板；5—单极电池正极板接线柱；
6—单极电池负极板接线柱；7—蓄电池壳；
8—封料；9—负极接线柱；10—加液孔螺塞；
11—连接单格电池的横铅条；12—正极接线柱

(b) 整料壳蓄电池

1，3—正、负极柱；2—加液孔螺塞；4—盖；
5—连接条；6—极板组；7—外壳

图 5-1　蓄电池的构造

成内部短路。隔板材料应具有多孔性以及良好的耐酸性和抗氧化性，通常采用木质、微孔橡胶、微孔塑料、玻璃纤维等，其中以微孔橡胶和微孔塑料用得最多。有的隔板一面带槽，安装时有槽的一面应竖直放置并面向正极板。

③ 外壳　蓄电池外壳是用来盛放电解液和极板组的。外壳的材料有硬橡胶和工程塑料，要求其耐酸、耐热、耐振。塑料壳电池的外壳为整体结构，内分六个互不相通的单格，底部有凸起的支撑条以放置极板组，支撑条间的空隙形成沉淀池，用于积存脱落下来的活性物质。每个单格的盖子中间有加液孔，加液孔螺塞顶部有一通气孔，工作中的化学反应气体由此逸出。在极板组上部通常装有一片耐酸塑料防护网，以防测量电解液密度、液面高度或加液时损坏极板。硬橡胶外壳蓄电池有六个上盖，与外壳用沥青、机油及石棉等组成的封口剂封闭固定。

④ 连接板与极柱　它们是实现蓄电池内外电路连接用的。蓄电池的极柱外形有圆柱形和吊耳形，通常极柱有"＋"、"－"标记，或将正极柱涂上红漆。硬橡胶壳的蓄电池连接板和极柱露在蓄电池的上表面；塑料壳的蓄电池连接板封在内部，只留出电池组的

正、负极柱。

⑤ 电解液 它由纯硫酸（H_2SO_4）和纯水（H_2O）按一定比例配制而成。初次加入蓄电池的电解液密度一般为 $1.26\sim1.28g/cm^3$；使用过程中蓄电池的电解液密度是变化的，其范围为 $1.10\sim1.28g/cm^3$；配制电解液一定要用专用的纯硫酸和纯水（蒸馏水、离子交换水等），并且储存电解液需用加盖的陶瓷、玻璃或耐酸塑料容器，以提高蓄电池性能和使用寿命。

(3) 蓄电池的型号参数

① 蓄电池的型号 由三部分组成，每部分之间用"-"连接，即：

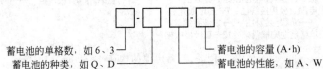

第一部分表示蓄电池的单格数，"6"表示该蓄电池共有 6 个相同的单格，若只有一个单格（如电动装载机用蓄电池），省略不标；第二部分前半部分"Q"表示启动型蓄电池，"D"表示动力型蓄电池，后半部分"A"表示蓄电池的极板为干荷式，"W"表示免维护型蓄电池；第三部分表示蓄电池的额定容量，单位为 $A\cdot h$。

例如，6-QA-165DFB 表示额定电压 12V，额定容量 165A·h，启动型、干荷电、带液、防酸、半密闭式蓄电池。

② 蓄电池的参数 主要有标称电压和额定容量。单格铅酸蓄电池端电压为 2V，6 个单格蓄电池串联后得到 12V 的电压，用于 12V 电气系统的装载机上。将两只 12V 的蓄电池串联后得到 24V 的电压，用于 24V 电气系统的装载机上。

(4) 蓄电池的工作原理

蓄电池的工作原理是电能和化学能的互相转化过程，它包括放电和充电两种状态。

① 放电 将蓄电池极板与负载接通，内部的化学能转化成电能。正极板上的 PbO_2 和负极板上的海绵状 Pb 均变成 $PbSO_4$，电解液中的硫酸消耗减少，相对密度下降。

② 充电　将蓄电池与高于其端电压的直流电源（充电机）并联，充电机的电能转化为化学能。正极板上的 $PbSO_4$ 转变为 PbO_2，负极板上的 $PbSO_4$ 转变为海绵状 Pb，电解液中 H_2SO_4 增多，相对密度上升。

蓄电池的充放电过程如图 5-2 所示。

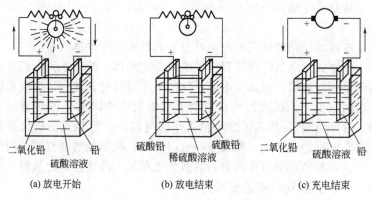

二氧化铅　　　　铅　　　　硫酸铅　　　　硫酸铅　　　　二氧化铅　　硫酸溶液　　铅
　　硫酸溶液　　　　　　稀硫酸溶液

(a) 放电开始　　　　　　(b) 放电结束　　　　　　(c) 充电结束

图 5-2　蓄电池的充放电过程

(5) 装载机蓄电池的特点

装载机上使用的蓄电池为启动型，主要向启动机供电，额定容量是按 20h 放电率确定的，即充足电的蓄电池，电解液温度在 (25 ± 5)℃范围内，以其额定容量的 1/20 作为放电电流，连续放电至单格电压为 1.75V 时，放电电流与放电时间的乘积，单位是 A·h。在启动发动机时输出大的电流，要求它有尽量大的容量和小的内阻。

5.1.2　发电机

车用发电机有直流和交流之分，目前国产汽车和装载机全部采用交流发电机。由于交流发电机上的整流装置用硅整流二极管制成，故又称为硅整流发电机。

(1) 交流发电机的功用

交流发电机由发动机驱动，其功用是发动机正常工作时向用电设备供电，并向蓄电池充电。

（2）交流发电机的类型与特点

按照交流发电机的结构不同可分为普通式（JF×××）、整体式（JFZ×××）、无刷式（JFW×××）和带泵式（JFB×××）等几种类型。

按整流器结构不同可分为六管、八管、九管、十一管交流发电机。

按磁场绕组搭铁形式不同可分为内搭铁型、外搭铁型。

整体式发电机将调节器与发电机制成一体，简化了发电机与调节器之间的连线，提高了电源系统的工作可靠性，减少了电气系统故障的发生。无刷式发电机取消了发电机工作时的薄弱环节（电刷、滑环结构），提高了发电机工作的可靠性。带泵式发电机是在普通发电机的基础上，增设了一只由发电机轴驱动的真空泵，用于驱动装用柴油发动机作动力的装载机或车辆上的真空助力装置。

（3）交流发电机的表示方法

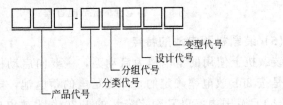

产品代号：JF、JFZ、JFW、JFB。

分类代号：表示发电机的电压等级，"1"表示12V电气系统用，"2"表示24V电气系统用。

分组代号：表示发电机的输出电流或输出功率，按功率等级分，"1"表示180W以下，"2"表示180～250W，"3"表示250～350W，"5"表示350～500W，"7"表示500～750W，"8"表示750～1000W，9表示1000W以上。

设计代号：按产品设计先后顺序，由1～2位数字组成。

变型代号：用字母表示，不能用I和O两个字母。

例如485型、490型、495型装载机发动机装用的JF151A型交流发电机，表示：交流发电机，12V电气系统用，电动机功率为 500W，额定电流为 36A，第一种设计型号，第一次改型。

（4）交流发电机的构造

交流发电机由转子、定子、整流器和前、后端盖及散热装置等组成，如图 5-3 所示。

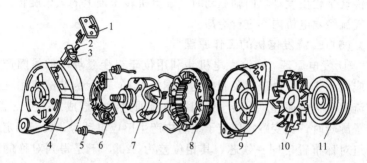

图 5-3　交流发电机的构造

1—电刷弹簧压盖；2—电刷及弹簧；3—电刷架；4—后端盖；5—整流二极管；
6—元件板；7—转子；8—定子；9—前端盖；10—风扇；11—传动带轮

① 转子　由两个相互交错的爪极，组成六对磁极，两个爪极中间放磁场绕组。它是用来建立磁场的，转子的磁极单个形状像鸟嘴，称"鸟嘴形磁极"或爪极。磁极做成鸟嘴形，可以保证定子绕组产生的交流电动势近似于正弦曲线。

爪极和套有磁场绕组的磁轭（铁芯），都压装在滚有花纹的转子轴上，转子一端压装有滑环。滑环由两个彼此绝缘的铜环组成，磁场绕组两端引出导线，通过爪极的出线孔后，再焊到两个滑环上，滑环与电刷接触，然后引至磁场接线柱上。

② 定子　由铁芯和三相绕组组成，它用于产生和输出交流电。定子铁芯由带格的硅钢片叠成，固定在两端盖之间，槽内置有三相绕组，用星形或三角形接法连接在一起，端头 A、B、C 分别与散热板和端盖上的二极管相连。

③ 整流器　它是一个由六只硅二极管组成的三相桥式整流电路。定子绕组中三相交流电是经整流器整流后转变成直流电的。

④ 前、后端盖　由非导磁性材料铝合金铸造而成，可减少漏

磁并具有轻便、散热性能良好等优点。在后端盖上装有电刷架，两个电刷装在电刷架的孔内，借弹簧弹力与滑环保持接触。端盖还用于发电机在发动机上的安装固定和传动带张紧力的调整。

⑤ 散热装置　发电机的后端盖上有进风口，前端盖有出风口，当传动带轮由发动机曲轴驱动时，发电机转子轴上的风扇旋转，使空气流经发电机内部进行冷却。

(5) 交流发电机的工作原理

① 发电原理　交流发电机是利用位于交变磁场中的线圈产生感应电动势这一电磁现象制成的。图 5-4(a) 所示为装载机用三相交流发电机的原理。当转子绕组有电流通过时，形成 N 极、S 极，转子旋转时，交变磁场使定子绕组中产生感应电动势，因三相定子绕组对称布置于同一铁芯，其相位差为 120°，于是得到对称的三相交流电，波形如图 5-4(c) 所示。

② 整流原理　发电机的三相交流电通过六个硅二极管进行整流，整流电路如图 5-4(b) 所示。在三相桥式整流电路中三个二极管（VD_1、VD_3、VD_5）的阴极连接在一起，形成发电机输出直流电的正极，在整流过程中，正极电位最高的管子导通，而三个二极管（VD_2、VD_4、VD_6）的阳极连接在一起，形成发电机输出直流电的负极，在整流过程中，负极电位最低的管子导通。经过整流，在负载上得到一个比较平稳的直流脉动电压，其波形如图 5-4(d) 所示。

③ 磁场绕组电流电路　交流发电机在转速较低、发电机电压低于蓄电池电压时，由蓄电池通过点火开关供给磁场绕组电流，进行他励增强磁场，使发电机电压很快上升。当发电机转速升高，电压高于蓄电池电压时，发电机由他励变为自励。

5.1.3　交流发电机调节器

(1) 功用

调节器的作用是通过调节发电机的励磁电流，保持发电机输出电压恒定。

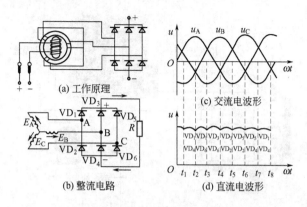

图 5-4 交流发电机的整流电路和原理

（2）分类

① 按照结构分 有电磁振动式（触点式）和电子式（无触点式）两大类。电磁振动式又有单级式（一对触点）和双级式（两对触点）。电子式又有分立元件式和集成电路式。

② 按照安装方式分 有外装式和内装式。内装式调节器装在发电机的内部，其发电机称为整体式发电机。

（3）表示方法

电磁振动式调节器用 FT ×××表示，电子式调节器用 JFT ×××表示，依据专业标准，第一位数字表示调节器的电压等级，意义同发电机。

（4）典型电压调节器

① 电磁振动式电压调节器 装载机上使用的电磁振动式电压调节器有单级触点式和双级触点式两种结构，均是通过触点的振动（开闭），控制发电机磁场电流的方法，保持发电机输出电压稳定的。

a. 单级触点式电压调节器的典型应用实例 如图 5-5 所示。

b. 双级触点式电压调节器的典型应用实例 如图 5-6 所示。

ⅰ. FF61 型电压调节器，由电磁振动机构、两对触点和附加电阻组成。在调节器正面有"火线"和"磁场"两个接线柱，分别

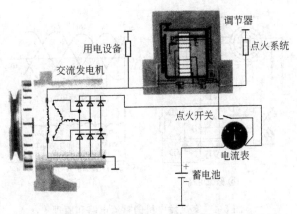

图 5-5　发电机与单级触点式电压调节器的连接电路

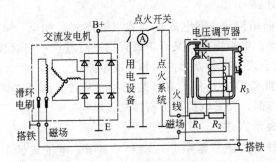

图 5-6　发电机与双级触点式电压调节器的连接电路

与点火开关和发电机磁场相连，其侧面有一搭铁螺钉与发电机的搭接线柱相连。

ⅱ. 当发电机电压低于蓄电池电动势时（接通点火开关），由蓄电池向发电机磁场绕组供电，这对发电机来说称为他励。发电机电压迅速建立并随转速的升高而升高，当高于蓄电池电动势时，便向用电设备供电和对蓄电池充电，同时通过电阻 R_1 向调节器线圈供电。由于发电机电压未达限额值，触点 K_1 保持闭合，所以发电机通过触点 K_1 向磁场供电，发电机的电压继续上升。当发电机的电压达到调节器工作电压时，触点 K_1 打开（K_2 并未闭合），磁场电路串入电阻 R_1 和 R_2，使磁场电流下降，发电机电压降低。当电压降至限额值以下时，触点 K_1 又重新闭合，磁场电流因不经附加电阻，使发电机电压又升高。触点 K_1 不断振动，使发电机电压在第一对触点工作范围内基本保持稳定。调节器的第一对触点工作范围不大，终止转速不高，附加电阻一般较单级式小，以减小第一对触点断开功率，减小触点火花。第一对触点工作在第一级终止转速时，触点不再闭合，活动触点停在两固定点之间。

ⅲ. 若转速再升高，调节器第二对触点（K_2）工作。第二对触点被吸闭合时，磁场绕组被短路。原来通过磁场绕组的电流仍经过电阻 R_1 和 R_2，但由于触点 K_2 搭铁，发电机失去励磁电流，其电压很快下降。当电压下降到稍低于限额值时，触点 K_2 又断开（K_1 并未闭合），磁场绕组中又有了电流，电压又升高，如此重复，触点 K_2 不断振动，磁场绕组反复地被短路，发电机电压便在第二触点工作范围内基本保持稳定。由于调节器在第二级工作时，是用短路励磁电流的办法来减小发电机磁通的，所以第二级终止转速可以很高，它只受发电机剩磁限制。调节器大部分时间工作在第二级。在第二对触点工作时，因磁场电流已被短路，故触点断开功率也很小。因此这种调节器，不但有较大的工作范围，而且触点火花减小，寿命延长。

调节器由第一级过渡到第二级，要出现失控区，通常电压略有升高，允许值为 0.5V。

配用 F170 型电压调节器的发电机，工作过程与上述相同。配用 FT111 型单级触点式电压调节器时，因工作范围仅限于第一级，加大了调节器的附加电阻阻值，使第一级工作范围扩大，但此时也使触点火花增大。因此，单级触点式电压调节器在结构上增设了吸收触点火花的灭弧电路。

② 电子式电压调节器　由于触点式电压调节器工作中产生触点火花，会引起对无线电设备的干扰，且需要维护，现逐渐被电子式电压调节器所取代。

a. 电子式电压调节器的基本电路　如图 5-7 所示。它通过开关三极管控制发电机的励磁电流，保持发电机输出电压的稳定。开关三极管的工作状态受到稳压管的控制，稳压管击穿导通时，开关三

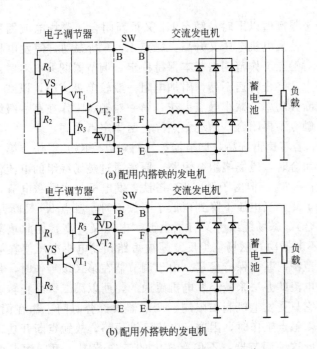

(a) 配用内搭铁的发电机

(b) 配用外搭铁的发电机

图 5-7　电子式电压调节器的基本电路

极管关断，磁场电流切断。稳压管的工作状态受发电机电压的控制，发电机电压升高，经分压器（R_1 和 R_2）分压后加到稳压管上的电压升高，达到其击穿电压时稳压管导通。

　　b. 配用电子式电压调节器的发电机工作过程　接通点火开关，当发电机电压低于蓄电池电动势时，由蓄电池向发电机磁场绕组供电，发电机电压迅速建立并随转速的升高而升高。当高于蓄电池电动势时，便向用电设备供电和对蓄电池充电，同时将发电机的输出电压加到调节器分压电阻（R_1 和 R_2）上。随着发电机电压升高，经分压电阻（R_1 和 R_2）分压后加到稳压管上的电压升高，当达到其击穿电压时稳压管 VS 导通，使三极管 VT_1 导通，进一步使开关三极管 VT_2 截止，切断发电机的励磁电流。发电机磁场电路断路后，输出电压下降，经分压电阻（R_1 和 R_2）分压后加到稳压管上的电压下降，当低于其击穿电压时稳压管 VS 截止，使三极管

VT_1 截止，开关三极管 VT_2 重新导通，接通了发电机的励磁电路，发电机的电压再次上升，然后重复上述过程。这样，通过开关三极管 VT_2 导通与截止，控制发电机的励磁电流的大小，使发电机输出电压稳定在设定的范围内。发电机输出电压值，即调节器的工作电压的高低，取决于分压电阻（R_1 和 R_2）的比值和稳压管的击穿电压。

5.2 启动系统

启动系统由点火开关、启动机、启动开关、启动继电器等组成，保证发动机的顺利启动。

5.2.1 启动机的功用与组成

启动机的功用是将蓄电池的电能转化成机械转矩，并传至发动机的飞轮，带动发动机的曲轴转动。启动机由串励直流电动机、传动装置和操纵控制装置三部分组成，如图 5-8 所示。

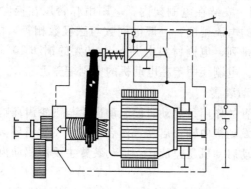

图 5-8　启动机结构示意图

（1）电动机

电动机的功用是产生转矩，它由磁场、电枢和电刷组件等组成。电动机励磁方式为串励式。由于启动机工作电流大、转矩大、工作时间短，一般不超过 $5\sim10s$，因此要求零件的机械强度高、电阻小，绕组大多采用矩形截面的导线绕制。

① 磁场　由磁场绕组、磁极（铁芯）和电动机的外壳组成。绕有励磁绕组的四个磁极，N、S极相间安装在外壳上。磁场绕组由扁而粗的铜质导线绕成，每个绕组匝数较少。四个绕组中每两个串联一组然后两组并联，其一端接在外壳绝缘接线柱上，另一端和电刷相连。

② 电枢　由电枢绕组、铁芯、电枢轴和换向器组成。铁芯由硅钢片叠压而成，并固定在轴上。铁芯的槽内嵌有电枢绕组，硅钢片间用绝缘漆或氧化物进行绝缘。绕组采用粗大矩形截面裸铜线绕制而成，为防止裸铜线短路，导体与铁芯、导体与导体之间，均用绝缘性能较好的绝缘纸隔开。为防止导体在离心力作用下甩出，在槽口用绝缘体将导体塞紧或两侧的铁芯上用轧压方式挤紧。

③ 电枢绕组　它的各端头均焊于换向器上，通过换向器和电刷的接触，将蓄电池的电流引进电枢绕组。换向器由铜片和云母片叠压成圆柱状。

④ 电刷　安装在电刷架内，电刷由弹簧压在换向器上。为了减少电刷上的电流密度，一般电刷数与磁极数相等，即四个电刷，正、负相间排列。电刷材料由80％～90％的铜和10％～20％的石墨压制而成。电刷架固定在电动机的电刷端盖上。

(2) 传动装置

传动装置的作用是启动时使驱动齿轮与飞轮齿环啮合，将启动机转矩传给发动机曲轴；启动后使启动机和飞轮齿环自行脱开，防止发动机带动启动机超速旋转。传动装置主要由驱动齿轮和单向离合器组成。

① 滚柱式单向离合器的构造　主要由驱动齿轮、内滚道、外滚道、滚柱、弹簧、花键套、拨叉滑套及缓冲弹簧组成。内、外滚道形成楔形室，其中装有滚柱及弹簧，为减少内、外滚道之间的摩擦，在楔形室内加注润滑脂，通过护套进行密封，如图5-9所示。

② 单向离合器的工作原理

a. 结合状态　在启动机带动发动机曲轴运转时，电枢轴是主

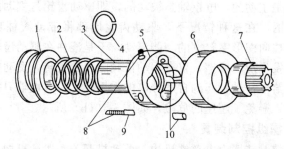

图 5-9　滚柱式单向离合器的构造

1—滑环；2—缓冲弹簧；3—传动导管；4—卡簧；5—单向滚轮外座圈；

6—铁壳；7—驱动齿轮；8—压帽弹簧；9—压帽；10—滚柱

动的，飞轮是被动的，电枢轴经传动导管首先带动单向滚轮外座圈（外滚道）顺时针方向旋转（从发动机的后端向前看），而与飞轮相啮合的驱动齿轮处于静止状态。在摩擦力和弹簧的推动下，滚柱处在楔形室较窄的一边，使外座圈和驱动齿轮尾部之间被卡紧而结合成一体，于是驱动齿轮便随之一起转动并带动飞轮旋转，使发动机开始工作，如图 5-10(a) 所示。

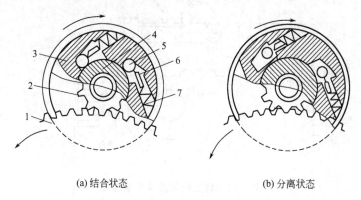

(a) 结合状态　　　　　　　　　　(b) 分离状态

图 5-10　单向离合器的工作原理

1—飞轮；2—驱动齿轮；3—外座圈；4—内座圈；5—滚柱；6—压帽；7—弹簧

　　b. 分离状态　发动机启动后，飞轮带动驱动齿轮转动，因为飞轮将带动驱动齿轮高速转动，且比电枢的转速高得多，所以可以认为飞轮是主动的，电枢轴是被动的，即驱动齿轮是主动的，外座圈是被动的。在这种情况下，驱动齿轮尾部将带动滚柱克服弹簧力，使滚柱向楔形室较宽的一侧滚动，于是滚柱在驱动齿轮尾部与外座圈间发生滑动摩擦，仅有驱动齿轮随飞轮旋转，发动机的动力并不能传给电枢轴，起到自动分离的作用。此时电枢轴只按自己的速度空转，避免了超速的危险，如图 5-10(b) 所示。

（3）操纵控制装置

操纵控制装置由电磁铁机构、电动机开关、拨叉机构等组成。

① 电磁铁机构

a. 作用　用电磁力来操纵单向离合器驱动齿轮与发动机飞轮的啮合及分离和控制电动机开关的接通与切断。

b. 构造　在铜套外绕有两个线圈，其中导线较粗、匝数较少的称为吸引线圈；导线较细、匝数较多的称为保持线圈。吸引线圈的两端分别接在电磁开关接线柱和电动机开关上。保持线圈的一端接在电磁开关接线柱，另一端搭铁，如图 5-11 所示。

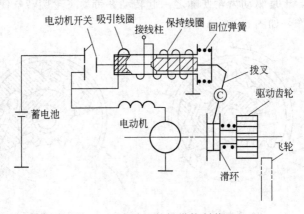

图 5-11　启动机的操纵控制装置

② 电动机开关　位于电磁铁机构的前方，其外壳与电磁铁机构的外壳连在一起。电动机开关的两个接线柱分别与蓄电池和电动机的磁场绕组相连，接线柱内端为电动机开关的固定触点。当电磁铁机构通电时，在动铁推动下，触盘将电动机开关接通，电

动机通电运转。启动机不工作时，在回位弹簧的作用下，触盘与触点保持分开状态。

③ 拨叉机构　在铜套内装有固定铁芯和活动引铁，引铁尾部旋装连接杆并与拨叉上端连接，以便线圈通电时，引铁带动拨叉绕其轴摆动，将单向离合器推出，使之与飞轮齿圈啮合。

汽油机装载机电动机开关处还设有点火线圈、附加电阻（热变电阻）短路开关。在启动状态，短路点火系统的附加电阻，保证点火系统输出足够高的电压。

5.2.2　启动继电器

启动继电器的作用是控制启动机的工作，有的车型上将充电指示灯继电器与启动继电器布置成一体，称为组合继电器，同时可起到启动保护作用。

5.2.3　启动系统的工作情况

启动继电器线圈无电，触点保持断开，离合器驱动齿轮与飞轮处于分离状态，如图 5-12 所示。

（1）启动开关接通

① 启动继电器线圈通电、触点闭合　电流所经路线为：蓄电池"＋"→电动机开关接线柱 2→电流表→点火启动开关→启动继电器 S 接线柱→启动继电器线圈＋启动继电器 E 接线柱→蓄电池"－"。

② 电磁铁机构吸引线圈和保持线圈通电　电流所经路线为：蓄电池"＋"→电动机开关接线柱 2＋启动继电器 B 接线柱→启动继电器触点→启动继电器 M 接线柱→吸引、保持线圈共用接线柱 6→吸引线圈尾端接线柱 5、导电片 4→电动机开关接线柱 1→电动机磁场绕组＋电动机绝缘电刷→电枢绕组电动机搭铁电刷→蓄电池"－"。

保持线圈的电路：蓄电池"＋"→电动机开关接线柱 2＋启动继电器 B→启动继电器触点→启动继电器 M→吸引、保持线圈共用接线柱 6→保持线圈→蓄电池"－"。

③ 驱动齿轮与发动机飞轮啮合　吸引线圈和保持线圈通电后，

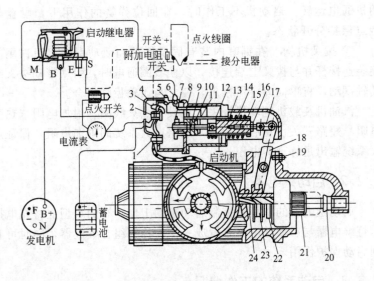

图 5-12　启动机的工作过程

1,2—电动机开关接线柱；3—点火线圈短路开关接线柱；4—导电片；5—吸引线圈尾
端接线柱；6—吸引、保持线圈共用接线柱；7—触盘；8—挡板；9—推杆；10—固定
铁芯；11—吸引线圈；12—保持线圈；13—动铁；14—回位弹簧；15—螺杆；16—锁
紧螺母；17—连接片；18—拨叉；19—调整螺钉；20—限位环；21—驱动齿轮；
22—啮合弹簧；23—滑套；24—缓冲弹簧

由于两者电流方向相同，磁场相加，固定铁芯 10 和动铁 13 磁化，互相吸引，使动铁左移，并通过螺杆 15、连接片 17 带动拨叉 18 上端左移，下端右移。推动单向离合器，使驱动齿轮与发动机飞轮啮合。

若驱动齿轮与飞轮相抵，拨叉下端可推动滑套 23 的右半部（压缩锥形啮合弹簧 22）继续右移，使电动机开关接通。电动机轴稍许转动至驱动齿轮与飞轮齿槽相对时，则顺利啮合。

驱动齿轮沿电枢轴螺旋花键向左移动时，限位环 20 起缓冲限位作用，以防损坏电动机端盖。

④ 电动机开关接通

a. 电动机带动发动机曲轴转动。当驱动齿轮与发动机飞轮接近完全啮合时，动铁向左移动一定位置，通过推杆 9 使触盘 7 与触点接触，电动机开关接通。驱动齿轮与飞轮完全啮合时，引铁移至极限位置，保持电动机开关的可靠接通，以便通过大的电流。

b. 蓄电池直接向启动机磁场绕组和电枢绕组供电：蓄电池"＋"→电动机开关→磁场绕组→电动机绝缘电刷→电枢绕组→搭铁电刷→蓄电池"－"。电动机产生强大的转矩带动发动机转动。

c. 吸引线圈被短路，只靠保持线圈的磁力，将动铁保持在吸合后的位置。同时，活动触盘也与点火线圈热变电阻短路接线柱内的黄铜片接触，使点火线圈热变电阻短路，从而保证可靠点火。

（2）启动开关断开

启动机启动后，应及时放松启动开关，启动继电器电路被切断。启动继电器线圈首先断电使触点断开，停止工作。

① 继电器触点张开后、电动机开关断开之前　保持线圈和吸引线圈均有电流通过，其电路是：蓄电池"＋"→电动机开关→导电片 4→吸引线圈 11→保持线圈 12→搭铁→蓄电池"－"。这时两线圈虽均有电流通过，但因电流方向相反，产生的磁力相互削弱，于是动铁在回位弹簧的作用下后移。动铁后移时，带动触盘也后移，使触盘与触点分离，电动机电路切断并停止工作。

② 动铁后移时　推动拨叉上端后移，其下端带动滑套左移，使离合器传动套管沿着电枢轴上的螺旋槽向左移动，迫使驱动齿轮与飞轮脱离啮合。

（3）发动机未能发动而将启动开关断开

若因蓄电池电力不足或因严寒低温等原因，有时会发生启动机不能带动发动机曲轴转动的现象。虽将启动开关放松，但由于电动机已通过电流产生转矩，在驱动齿轮与飞轮之间形成很大压力，阻碍齿轮脱出的摩擦力超过回位弹簧的张力。这样，驱动齿轮就不能脱出，电动机开关也不能断开。电动机会因继续通过强大电流而烧毁。为避免这种情况的发生，采用可分开式滑套，并在滑套的左侧装一较细的缓冲弹簧可供压缩。当驱动齿轮不能脱出时，在回位弹簧的作用下，拨叉下端可以带动滑套左侧的一半继续前移，首先切断电动机电路，使电动机不能产生转矩，齿面间的压力和摩擦力随之消失，齿轮即可分离。

（4）启动后未及时放松启动开关或启动后误将启动开关接通

启动后未及时放松开关，则启动机继续工作，造成单向离合器长时间滑动摩擦而加速损坏；若启动后又误将开关接通，则启动机工作，将使驱动齿轮和高速旋转的飞轮牙齿相碰，打坏齿轮。而这两种错误操作方法，在实际中又很难避免。为解决这个问题，在启动电路中设置了误操作保护电路。将充电指示灯继电器与启动继电器设置在一起，称为"组合继电器"。启动继电器的线圈，经充电指示灯继电器的常闭触点搭铁。这样，当发动机启动后或正常运转时，发电机中性点输出直流电压，作用于充电指示灯继电器线圈上，使其触点断开，自动切断了启动继电器线圈的电路，起到误操作保护作用。

5.3 汽油机点火系统

点火系统是汽油发动机上特有的装置，是用电设备的组成部分。其作用是在发动机压缩行程接近终了时，产生电火花点燃汽油机燃烧室内被压缩的可燃混合气。要求点火系统产生足够高的输出电压，电火花有足够大的能量，产生电火花的时机适当——点火正时。点火系统按其组成和产生高压电方式的不同可分为传统蓄电池点火系统、电子点火系统、微机控制点火系统和磁电动机点火系统。汽油机装载机上多采用传统的蓄电池（触点式）点火系统。

5.3.1 蓄电池点火系统的组成

传统的蓄电池点火系统由点火线圈、分电器、火花塞、电源及点火开关等组成，如图 5-13 所示。

（1）点火线圈

点火线圈由低压绕组（初级线圈）、高压绕组（次级线圈）、外壳和附加电阻等组成，如图 5-14 所示。点火线圈是一个直流脉冲变压器，它将蓄电池或发电机的低压电转变为 15～20kV 的高压电。

附加电阻接在"开关＋"和"开关"接线柱之间，可以改善点

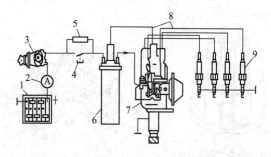

图 5-13　蓄电池点火系统的组成

1—蓄电池；2—电流表；3—点火开关；4—附加电阻短路开关；5—附加
电阻；6—点火线圈；7—分电器；8—高压导线；9—火花塞

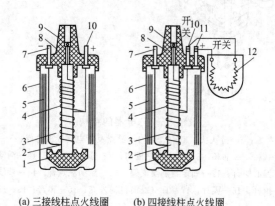

(a) 三接线柱点火线圈　　　　(b) 四接线柱点火线圈
（两个低压接线柱）　　　　（三个低压接线柱）

图 5-14　点火线圈的结构

1—瓷托；2—铁芯；3—初级线圈；4—次级线圈；5—钢片；6—外壳；
7—"—"接线柱；8—胶木盖；9—高压线插孔；10—"＋"或"开关"
接线柱；11—"开关＋"接线柱；12—附加电阻

火系统的工作特性，它由铁铝合金丝制成，具有当温度升高时阻值
迅速增大，温度降低时阻值迅速变小的特性。

（2）分电器

　　分电器由断电器、配电器、电容器和点火提前角调节装置组

成，如图 5-15(a) 所示。

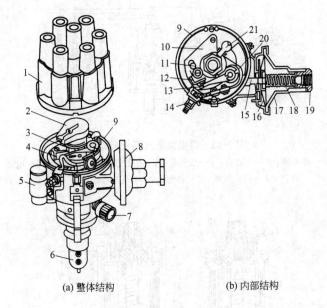

(a) 整体结构 (b) 内部结构

图 5-15 分电器的结构

1—分电器盖；2—分火头；3—凸轮；4—触点及断电器底板总成；5—电容器；
6—联轴器；7—油环；8—真空提前机构；9—分电器壳体；10—活动底板；
11—偏心螺钉；12—固定触点及支架；13—活动触点臂；14—接线柱；
15—拉杆；16—膜片；17—真空提前机构外壳；18—弹簧；19—螺母；
20—触点臂弹簧片；21—油毡与夹圆

① 断电器 控制点火线圈初级电流（低压电路）的接通与切断。由凸轮、触点臂、触点间隙调整装置等组成。触点间隙指凸轮顶开胶木盖最大位置时两触点间的空隙，其值规定为 $0.35 \sim 0.45$mm。改变固定触点的位置，即通过调整螺钉可调整其大小。

② 配电器 将点火线圈产生的高压电按点火顺序送入所需点火的汽缸内的火花塞上，由分电器盖和分火头组成，如图 5-15(b) 所示。分火头装在凸轮轴顶端，当随轴旋转时，其上的导电片在距旁电极为 $0.25 \sim 0.8$mm 的间隙处掠过。当断电器触点张开时，导

电片正对盖内某一旁电极，高压电便由中心电极经带弹簧的炭精柱、导电片到旁电极。旁电极经高压线和火花塞连接，将高压电送至火花塞上。

③ 电容器 吸收断电器的触点火花，保护触点；增大触点切断时初级电流的变化率，提高次级电压。

④ 点火提前角调节装置 根据发动机的工况和使用条件调节点火提前角。分电器中点火提前角调节装置一般有离心调节装置、真空调节装置和人工调节装置。

a. 离心调节装置 是根据发动机的转速变化自动调节点火提前角的，转速升高，点火提前角增大。

b. 真空调节装置 是根据发动机的负荷大小自动调节点火提前角的。化油器节气门下方的真空度反映了发动机负荷的大小。节气门开度小，真空度大，发动机负荷小，点火提前角大。

c. 人工调节装置 作用是随燃油的辛烷值（汽油的标号）不同而人为改变点火提前角的装置，故又称辛烷值选择器。

(3) 火花塞

火花塞由外壳、中心电极、旁电极和绝缘体等组成，如图5-16所示。火花塞安装在各汽缸的燃烧室内，其作用是在高压电的作用下击穿火花塞间隙，形成火花以点燃汽缸内的可燃混合气。为保证火花塞与汽缸盖间的密封性，在火花塞安装时应加密封垫。

(4) 电源

在发动机启动时，点火系统由蓄电池供电。当发动机启动后，发电机正常发电，点火系统的电能由发电机供给。

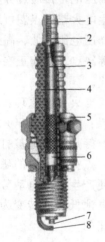

图 5-16 火花塞
1—螺母；2—连接螺纹；
3—螺杆；4—绝缘体；
5—外壳；6—导电密
封玻璃；7—中心
电极；8—旁电极

（5）点火开关

点火开关的作用是控制点火系统的工作，它与启动开关制成一体，称为点火启动开关。接通点火开关，当发动机带动分电器转动时，即可产生高压电，在汽缸内形成电火花；切断点火开关，发动机就会无电火花而熄火。

5.3.2 蓄电池点火系统的工作原理

传统蓄电池点火系统以蓄电池和发电机为电源，借点火线圈和断电器的作用，将电源提供的 6V、12V 或 24V 的低压直流电转变为高压电，再通过分电器分配到各缸火花塞，使火花塞两电极之间产生电火花，点燃可燃混合气。传统蓄电池点火系统由于存在产生的高压电比较低、高速时工作不可靠、使用过程中需经常检查和维护等缺点，目前正在逐渐被电子点火系统和微机控制点火系统所取代。

点火系统原理：点火线圈初级（低压）线圈匝数较少，线径较粗；次级（高压）线圈匝数较多，线径较细。当发动机工作时，触点不断地被打开与闭合，初级线圈电路不断地被接通与切断，点火线圈中的磁场也不断地随之变化。当磁通变化时，线圈中便产生感应电动势。点火系统工作原理就是利用电磁感应，将蓄电池低压电转变为高压电，从而击穿火花塞电极间隙，形成电火花的。

5.3.3 点火线路与点火正时

（1）点火线路

汽油机装载机的点火线路如图 5-17 所示。

打开点火开关，点火线路接通，低压电路为：蓄电池"＋"→启动机电源接线柱→电流表 9→点火开关→点火线圈"开关＋"接线柱→点火线圈"开关"接线柱分电器→搭铁→蓄电池"－"。当触点断开时，高压电产生，经配电器按点火顺序送至相应的火花塞，高压电路为：点火线圈中心电极→配电器中心电极→分火头→

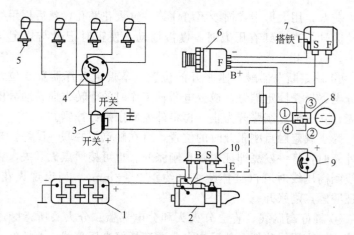

图 5-17 汽油机装载机的点火线路

1—蓄电池；2—启动机；3—点火线圈；4—分电器；5—火花塞；6—发电机；
7—调节器；8—点火开关；9—电流表；10—启动继电器

旁电极→高压分线→火花塞铁→电容器→点火线圈。在启动时，为增大点火线圈初级电流，改善点火性能，应将附加电阻短路，电路为：蓄电池"＋"→启动机电源接线柱→启动机热变电阻短路开关→点火线圈"开关"接线柱→初级线圈→分电器→断电器触点→搭铁→蓄电池"－"。

在进行点火线路连接时应注意：点火低压电路受点火开关控制；启动时点火线圈附加电阻应被短路，启动后应串入低压电路；高压电的分配要符合点火顺序。

（2）点火正时

点火正时对否直接影响发动机的动力性和经济性，校正点火正时的步骤如下。

① 检查断电器触点间隙，并把它调整到 0.35～0.45mm 的范围内。要注意先调整触点间隙，防止因触点间隙的变动，影响高压火花强度和点火时机。在校准点火正时后，每变动 0.1mm，点火就要提前或推迟 4°～5°。

② 找出第一缸压缩行程上止点的位置。其方法是：卸下第一

缸火花塞，用大拇指或棉纱团堵住第一缸火花塞孔，然后用手摇柄转动曲轴，当感到有压力时，慢慢摇动，使正时记号与规定符号对准。

③ 确定断电器触点刚张开的位置。辛烷值选择器置 0 位，旋松分电器外壳固定螺钉，逆分电器轴工作时的旋转方向转动分电器外壳，直到触点刚张开为止，再将外壳固定螺钉拧紧。

为了确定触点刚张开时的位置，可在触点间并联一试灯，当转动外壳时，灯一发亮即证明触点刚张开。也可接通点火开关，将点火线圈高压线对着汽缸体跳火（约距 $2\sim3\text{mm}$），当出现火花时，则证明触点刚张开。

④ 插好高压线，装上分火头和分电器盖。分火头所指旁电极为第一缸高压线位置，然后按点火顺序插好高压分线，并插好点火线圈与配电器间的中央高压线。

⑤ 校验点火正时。先启动发动机，使其达到正常工作温度，突然加速，发动机转速提高时有轻微敲缸声，之后敲击声逐渐消失。有严重敲缸声表明点火过早；排气管有"突突"或"放炮"声表明点火过迟。点火过早或过迟可通过转动分电器外壳加以调整，逆分电器轴旋向转动外壳为点火提前，顺分电器轴旋向转动外壳为点火推迟。

5.3.4 电子点火系统

电子点火系统是以蓄电池和发电机为电源，借点火线圈和由半导体器件（晶体三极管）组成的点火控制器，将电源提供的低压电转变为高压电，再通过分电器分配到各缸火花塞，使火花塞两电极之间产生电火花，点燃可燃混合气。与传统蓄电池点火系统相比，其具有点火可靠、使用方便等优点，是目前国内外汽车、装载机上广泛采用的点火系统。

电子点火系统中的分电器由信号发生器和配电器组成。信号发生器的种类有霍尔式、磁脉冲式、光电式等。点火控制器接收信号发生器的转速、上止点信号，控制点火线圈初级回路，使次级线圈产生高压电。点火控制器还常常设有闭合角控制、限流控制、停车断电等功能。图 5-18 所示为电子点火系统的组成。

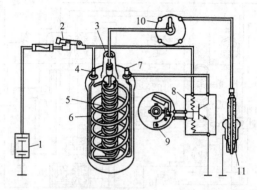

图 5-18 电子点火系统的组成

1—蓄电池；2—开关；3—次级端子；4—正极端子；5—次级线圈；6—初级线圈；
7—负极端子；8—点火控制器；9—信号发生器；10—分电器总成；11—火花塞

5.4 全车电路

（1）电路图

将电气和电子设备用图形符号和直线连接在一起的关系图称为电路图，常见的有布线图、电路原理图（图 5-19）和线束图三种。布线图是装载机电路图中应用较广泛的一种，它较充分地反映了汽车电气和电子设备的相对位置，从中可看出导线的走向、分支、接点（插接件连接）等情况。电路原理图可简明清晰地反映电气系统各部件的连接关系和电路原理，便于分析电路故障。线束图用于制作线束和连接电气设备。电路图可作为分析电路原理和检查、诊断电路故障的根据。

（2）电路分析

为迅速准确地查找和排除电路故障，需要对电路图进行分析，弄懂电路工作原理和连接关系，才能迅速地诊断故障的发生部位。

① 装载机电路图的特点　尽管各车型电气设备的组成和复杂程度不同，形式各异，安装位置不一，接线也有差异，但它们都有

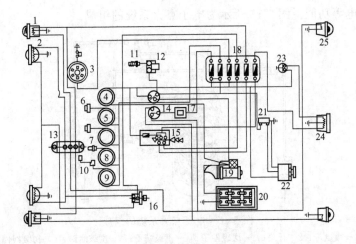

图 5-19 柴油装载机电气系统原理图

1—前小灯；2—前照灯；3—喇叭；4—电流表；5—机油表；6,10—传感器；
7—冷却液温度传感器；8—冷却液温度表；9—燃油表；11—预热塞；12—启动
与预热开关；13—接线板；14—转向灯开关；15—照明灯开关；16—变光开关；
17—断电器；18—保险；19—启动机；20—蓄电池；21—电压调节器；
22—发电机；23—制动灯开关；24—制动牌照灯；25—转向灯

以下几个共同特点。

　　a. 装载机上多数设备采用单线制，分析电路原理时，从电气设备沿电路查至电路开关、保护器件、电源正极。为构成回路，电气设备必须搭铁，查找故障时不要忽略电器本身搭铁不良造成的故障。

　　b. 各用电设备电路均是并联的，并受有关开关的控制，其控制方式分为控制电源线和搭铁线。

　　c. 装载机上的两个电源，即发电机和蓄电池是并联的，其间设有电流表或电路保护器（如易熔线）。

　　d. 电压表必须并联在电源两端，电压表参加工作的时机应受点火开关或电源总开关的控制。

　　e. 为防止因短路或搭铁造成线路或用电设备损坏，各电气线路中设有电路保护装置（启动机除外）。

② 电气线路的组成　不管电气线路有多复杂，均可将其分解成局部电路进行分析，然后再推广至全车电路。全车电路通常由以下几部分组成。

a. 电源电路　也称充电电路，是由蓄电池、发电机、调节器及工作情况指示装置组成的电路，电能分配及电路保护器件也可归入此部分。

b. 启动电路　是由启动机、启动继电器、启动开关及启动保护装置组成的电路，有的也将低温条件下启动预热装置及控制电路列入此部分。

c. 点火电路　是汽油发动机特有的电路，是由点火线圈、分电器、电子点火控制器、火花塞及点火开关组成的电路。微机控制的点火系统往往列入发动机电子控制系统中。

d. 照明与灯光信号装置电路　是由前照灯、雾灯、示廓灯、转向灯、制动灯、倒车灯、内照灯及其控制继电器和开关组成的电路。照明与灯光信号装置如图 5-20 所示。

(a) 后转向、制动组合指示灯　　　　(b) 前照灯、转向指示灯

图 5-20　照明与灯光信号装置

e. 仪表电路　是由仪表指示器、传感器、各种报警指示灯及控制器组成的电路。仪表、警告指示装置如图 5-21 所示。

f. 辅助装置电路　是由为提高车辆安全性、舒适性等各种功能的电器装置组成的电路，并因车型不同而有所差异，一般包括空调装置、音像装置等。

③ 电路图的识别　布线图或部分电路原理图的连线端头，常

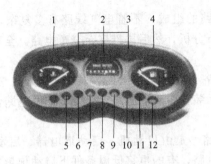

图 5-21　分离式组合仪表

1—冷却液温度表；2—计时表；3—转向指示灯；4—燃油表；5—燃油余量警告灯；
6—发动机油压警告灯；7—变速器油温警告灯；8—蓄电池电量警告灯；9—空气
滤清器警告灯；10—前照灯指示；11—工作灯指示；12—预热指示灯

常标有导线的截面积、颜色代号。如 1.5RW（或 1.5R/W）表示
导线截面积为 $1.5mm^2$，是红底带白色条纹的导线。结合电路原理
图，可以很方便地在两相连器件上找到这条导线，这对检查排除电
路故障很有帮助。

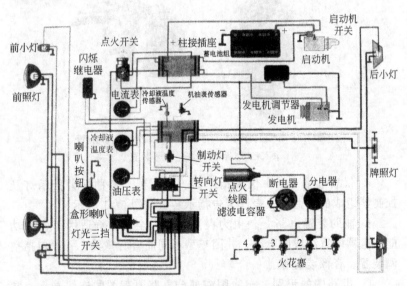

图 5-22　汽油机装载机电路图

在电路原理图中，同时给出了各电路系统的注释，如点火系统等，可以从原理图中很快找到该部分电路。首先弄清各部分电路，然后从电源部分开始，顺着火线往下找到熔断器、开关，再研究各用电设备和整体线路，最终即可弄清楚电气线路的原理和特点，为排除电路故障提供依据（图5-22）。

第6章
装载机工作装置

6.1 装载机工作装置的组成

(1) 工作装置的作用

装载机铲掘和装卸物料的作业是通过工作装置的运动实现的。

(2) 工作装置的组成

装载机的工作装置由铲斗、动臂、摇臂-连杆（或托架）及液压系统等组成。铲斗用以铲装物料；动臂和动臂油缸的作用是提升铲斗并使之与车架连接；转斗油缸通过摇臂-连杆（或托架）使铲斗转动。动臂的升降和铲斗的转动采用液压操纵。

(3) 工作装置的工作过程

由动臂、动臂油缸、铲斗、转斗油缸、摇臂-连杆（或托架）及车架相互铰接所构成的连杆机构，在装载机工作时要保证：当动臂处于某种作业位置不动时，在转斗油缸作用下，通过连杆机构使铲斗绕其铰接点转动；当转斗油缸闭锁时，动臂在动臂油缸作用下提升或下降铲斗过程中，连杆机构应能使铲斗在提升时保持平移或斗底平面与地面的夹角变化控制在很小的范围，以免装满物料的铲斗由于铲斗倾斜而使物料撒落；而在动臂下降时，又自动将铲斗放平，以减轻驾驶员的劳动强度，提高劳动生产率。

(4) 工作装置的形式和种类

装载机工作装置分为有铲斗托架和无铲斗托架两种。

有铲斗托架的工作装置，其动臂和连杆的后端与车架支座铰接，动臂和连杆的前端与铲斗托架铰接，托架上部铰接转斗油缸体，其活塞杆及托架下部与铲斗铰接。托架、动臂、连杆及车架支座构成的是平行四连杆机构，在动臂提升、转斗油缸闭锁时，铲斗始终保持平移，斗内物料不会撒落。

有铲斗托架的工作装置易于更换铲斗及安装附件。例如，将铲斗卸下，在托架上装上起重叉便可进行起重及装载作业。

有铲斗托架的工作装置，结构比较简单，同时，由于转斗油缸及铲斗都是直接铰接在托架上，所以铲斗的转动角较大。但由于在动臂前端装有较重的托架，所以减少了铲斗的载重量。

国产 ZL35、Z1-160 装载机均采用有铲斗托架的工作装置。

无铲斗托架的工作装置，其动臂的前端和铲斗铰接，动臂的后端和车架上部支座铰接，动臂油缸两端分别和动臂及车架底部支座铰接，转斗油缸一端和车架铰接，另一端和摇臂铰接，摇臂则铰接在动臂上，连杆一端和摇臂铰接，另一端和铲斗铰接。

根据摇臂-连杆数目及铰接位置的不同，可组成不同的连杆机构。不同的连杆机构，铲斗的铲起力随铲斗转角的变化关系，倾斜时的角速度大小以及工作装置的运动特性也不同。因此，装载机工作装置的选择，既要考虑结构简单，又要考虑作业性质与铲掘方式（图 6-1）。

正转连杆机构的工作装置，当机构运动时，铲斗与摇臂的转动方向相同 [图 6-1(a)、(b)、(c)、(d)]。其运动特点是：发出最大铲起力时的铲斗转角是负的，有利于地面的挖掘，铲斗倾斜时的角速度大，易于抖落砂土，但冲击较大。

正转连杆机构又可分为正转单连杆 [图 6-1(a)、(b)] 和正转双连杆 [图 6-1(c)、(d)] 两种形式。单连杆机构的连杆数目少，结构简单，易于布置，一般也能较好地满足作业要求。缺点是铲起力变化曲线陡峭；摇臂-连杆的传动比较小，为提高传动比，需加长摇臂-连杆的长度，给结构布置带来困难，并影响驾驶员的视野。双连杆机构的结构较复杂，转斗油缸也难以布置在动臂下方，但摇臂-连杆的传动比较大，因此摇臂-连杆尺寸可以减小，驾驶员的视野较好，铲起力变化曲线平缓，适于利用铲斗及动臂复合铲掘的作业。缺点是提升动臂铲斗便后倾，因此如保证动臂在最大卸载高度

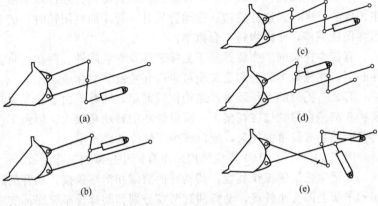

图 6-1 常见工作装置结构形式

时铲斗的后倾角适当，则动臂在运输位置时，铲斗的后倾角较小，易造成铲斗内物料的撒落。

正转连杆机构因总体结构布置及动臂形状的不同，而将转斗油缸布置在不同的位置上。如将转斗油缸布置在动臂上方，则在动臂提升时，转斗油缸轴线与动臂轴线不会交叉，因而这种布置便于实现动臂、摇臂-连杆与转斗油缸的中心线布置在同一平面内，工作装置受力较好。缺点是当铲斗铲装物料时油缸的小腔工作，因而使铲斗油缸的缸径与重量增大。国产 ZK4-10 装载机的工作装置就是采用这种正转双连杆机构。

反转连杆机构的工作装置，当机构运动时，铲斗与摇臂的转动方向相反［图 6-1(e)］。其运动特点是，发出最大铲起力时的铲斗转角是正的，且铲起力变化曲线陡峭，因此在提升铲斗时的铲起力较大，适于装载矿石，不利于地面的挖掘；铲斗倾斜时的角速度小，卸料平缓，但难以抖落砂土；升降动臂时能基本保持铲斗平移，因此物料撒落少，易于实现铲斗自动放平；摇臂-连杆的传动比较小。

反转连杆机构多采用单连杆，双连杆机构布置较困难。反转连杆机构当铲斗位于运输位置时，连杆与动臂轴线相交，因此难以布置在同一平面内。但由于这种结构简单，铲起力较大，所以中小型装载机采用较多。国产 ZL50 装载机的工作装置就是这种反转连杆机构。

应当指出，正、反转连杆机构都是非平行四边形机构。因此在动臂提升过程中，铲斗或多或少总要向后翻转一些。

铲斗是直接用来切削、收集、运输和卸出物料，装载机工作时的插入能力及铲掘能力是通过铲斗直接发挥出来的，铲斗的结构形状及尺寸直接影响装载机的作业效率和工作可靠性，所以减少切削阻力和提高作业效率是铲斗结构设计的主要要求。

6.2 铲斗的结构与功能

(1) 对铲斗的要求

铲斗是在恶劣的条件下工作，承受很大的冲击载荷和剧烈的摩擦，所以要求铲斗具有足够的强度和刚度，同时要耐磨。

(2) 铲斗的分类

根据装载物料的容重，铲斗有三种类型：正常斗容的铲斗用来装载容重为 $1.4 \sim 1.6 t/m^3$ 的物料（如砂、碎石、松散泥土等）；增加斗容的铲斗，斗容一般为正常斗容的 $1.4 \sim 1.6$ 倍，用来铲掘容重为 $1.0 t/m^3$ 左右的物料（如煤、煤渣等）；减少斗容的铲斗，斗容为正常斗容的 $60\% \sim 80\%$，用来装载容重大于 $2 t/m^3$ 的物料（如铁矿石、岩石等）。用于土方工程的装载机，因作业对象较广，因此多采用正常斗容的通用铲斗，以适应铲装不同物料的需要。

(3) 切削刃的形状

铲斗切削刃的形状根据铲掘物料的种类不同而不同，一般分为直线型和非直线型两种（图 6-2 和图 6-3）。直线型切削刃简单并利于地面刮平作业，但切削阻力较大。非直线型切削刃有 V 形和弧形等，装载机用得较多的是 V 形切削刃。这种切削刃由于中间凸出，在插入料堆时，插入力可以集中作用在切削刃中间部分，易于插入料堆，同时对减少"偏载切入"有一定的效果，但铲斗的装满系数要小于直线型切削刃的铲斗。

(4) 铲斗的斗齿

装有斗齿的铲斗在装载机作业时，插入力由斗齿分担，形成较

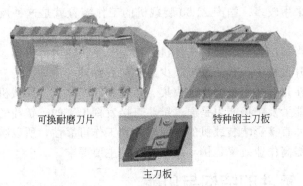

可换耐磨刀片 　　　特种钢主刀板

主刀板

图 6-2　铲斗切削刃

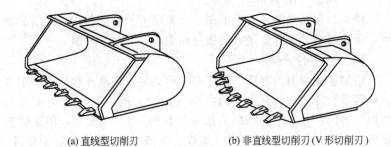

(a) 直线型切削刃　　　　　(b) 非直线型切削刃 (V 形切削刃)

图 6-3　铲斗结构

大的比压,利于插入密实的料堆或松物料或撬起大的块状物料,便于铲斗的插入,斗齿磨损后容易更换。因此,对主要用于铲装岩石或密实物料的装载机,其铲斗均装有斗齿。用于插入阻力较小的松散物料或黏性物的铲斗可以不装斗齿。

斗齿的形状对切削阻力有影响:对称齿形的切削阻力比不对称齿形的大;长而狭窄的齿比宽而短的齿的切削阻力要小。

(5)铲斗的侧刃

弧线型侧刃的插入阻力比直线型侧刃小,但弧线型侧刃容易从两侧泄漏物料,不利于铲斗的装满,适于铲装岩石。

(6)斗体形状

对主要用于土方工程的装载机,在设计铲斗时要考虑斗体内的流动性，减少物料在斗内的移动或滚动阻力，同时要有利于在铲装黏性物料时有良好的倒空性。

铲斗底板的弧度（圆弧半径 R_1，见图 6-4）越大，铲掘时泥土的流动性越好。对于流动性差的岩石等，则应将底边加长而使弧度减小，使铲斗容积加大，比较容易铲取。但是，当底边过长，则铲斗的铲起力变小，且铲斗插入料堆的插入阻力与刃口的插入深度成比例地急剧增加。如底边短，则铲斗的铲起力大，而且卸载时，斗刃口的降落高度小，也易于将物料卸净。因此，铲斗转铰销（图6-5）的位置以近于刃口处为好，在极端时也有将转铰销布置在铲斗内部的。

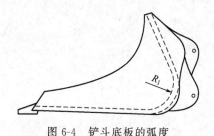

图 6-4　铲斗底板的弧度

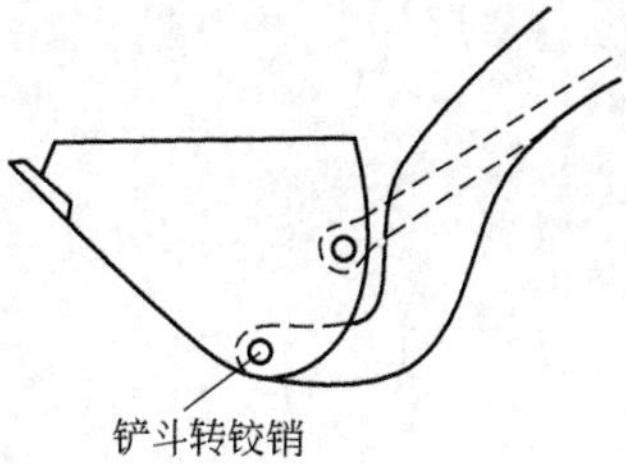

铲斗转铰销

图 6-5　铲斗转铰销

第 3 篇
装载机驾驶作业

第7章
装载机驾驶基础训练

装载机驾驶员在完成了对装载机的基本构造、原理、操作方法、安全操作规程等基础理论学习后，便可以进行实际操作训练。装载机驾驶员在实际操作训练前，必须熟悉各操纵装置的分布位置、使用方法和注意事项。这样才能打牢驾驶操作的基础，练就过硬的基本功，提高驾驶员的操作技术水平，确保在各种运行条件下，能正确而熟练地使用装载机，充分发挥装载机的效能，安全、优质、低耗地完成任务。

7.1 驾驶操纵机构的训练

装载机的操纵装置包括转向盘、离合器踏板、加速踏板、变速与换向操纵杆、起升与倾斜操纵杆、制动踏板与驻车制动操纵杆六大操作部件，如图7-1所示。

7.1.1 转向盘的运用

转向盘又称方向盘，是装载机转向机构的主要机件之一。正确运用转向盘，能够确保装载机沿着正确路线安全行驶，在需要的情况下使机器转弯，并能减少转向机件和轮胎的非正常磨损。转向盘如图7-2所示。

(1) 操作方法

在平直道路上行驶时，两手运用转向盘动作应平衡，以左手为主，右手为辅，根据行进前方车辆、人员、通道等情况，进行必要的修正，一般不要左右晃动。

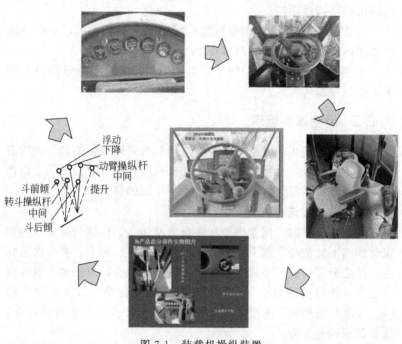

浮动
下降
动臂操纵杆
中间
斗前倾
提升
转斗操纵杆
中间
斗后倾

图 7-1 装载机操纵装置

图 7-2 转向盘

（2）使用注意事项

① 转弯时应提前减速（在平整路面上行走转向时，速度不得超过 5km/h），尽量避免急转弯。

② 在高低不平的道路上，横过铁路道口行驶或进出车门时，应紧握转向盘，以免转向盘受装载机颠簸的作用力而猛烈振动或转

向而击伤手指或手腕。

③ 转动转向盘不可用力过猛，装载机运行停止后，不得原地转动转向盘，以免损伤转向机件。

④ 当右手操纵起升手柄、倾斜手柄时，左手可通过快转手柄单手操纵控制转向盘。

7.1.2　离合器的运用

离合器的使用非常频繁。装载机驾驶员可以根据装卸作业的需要，踏下或松开离合器踏板，使发动机与变速器暂时分离或平稳接合，切断或传递动力，满足装载机不同工况的要求。

(1) 操作方法

使用离合器时，用左脚踏在离合器踏板上，以膝和踝关节的伸屈动作踏下或放松。踏下即分离，动作要迅速、利索，并一次踏到底，使之分离彻底，不能拖泥带水；松抬即接合，放松时一般在离合器尚未接合前的自由行程内可稍快，当离合器开始接合时应稍停，逐渐慢慢松抬，不能松抬过猛，待完全接合后迅速将脚移开，放在踏板的左下方。

(2) 注意事项

① 装载机行驶中，无论是高挡换低挡，还是低挡换高挡，禁止不踏离合器换挡。

② 装载机行驶不使用离合器时，不得将脚放在离合器踏板上，以免离合器发生半联动现象，影响动力传递，加剧离合器片、分离轴承等机件的磨损。

③ 一般若不是十分必要，不得采取不踏离合器而制动停车的操作方法。

④ 经常检查并保持分离杠杆与分离轴承的间隙，并对离合器分离轴承、座、套等按时检查加油。

7.1.3　变速器的挡位及操作

装载机在行驶和作业中，换挡比较频繁，及时、准确、迅速地换挡，对于提高作业效率、延长装载机的使用寿命、节省燃料起着重要作用。

（1）操作方法

① 速度控制杆　如图 7-3 所示，用于控制机器的行走速度，把速度控制杆放置到合适的位置可得到所希望的速度范围。1 挡和 2 挡用于作业，3 挡和 4 挡用于行走，如图 7-4 所示。

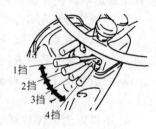

图 7-3　速度控制杆　　　　　图 7-4　控制杆挡位

② 方向杆　用于改变机器的行走方向，如果方向杆不在 N 位置，发动机不能启动。如图 7-5 所示，位置 1 为向前，位置 N 为空挡，位置 2 为后退。

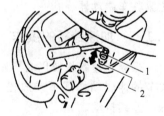

图 7-5　方向杆挡位　　　　　图 7-6　速度控制杆止动块

③ 速度控制杆止动块　是为了防止机器在进行作业时，速度控制杆进入到 3 挡位置。如图 7-6 所示，位置 1 止动块起作用；位置 2 止动块松开。

（2）注意事项

操纵变速杆换挡时，右手要握住变速杆，换挡结束后立即松开，动作要干净利落，不得强推硬拽。方向逆变时，必须待装载机停稳后，方可换挡，以免损坏机件；要根据车速变化情况及时变换挡位，不可长时间以启动用的低速挡作业。

7.1.4　制动器的运用

在运行中，装载机的减速或停车，是靠驾驶员操作行车制动器和驻车制动器来实现的。正确合理地运用制动器，是保证作业安全的重要条件，同时对减少轮胎的磨损，延长制动机件的使用寿命有着直接的影响。使用制动器应注意以下问题。

① 不得穿拖鞋开车。

② 装载机在雨、雪、冰冻等路面或站台上行驶，不得进行紧急制动，以免发生侧滑或掉下站台。

③ 一般情况下，不得采取不用离合器而进行制动停车的操作方法。

④ 不得以倒车代替制动（紧急情况下除外）。

⑤ 使用驻车制动器前，必须先用行车制动器使车停住。使用驻车制动器时，不可用力过猛，以防推杆体、护杆套脱落，卡住制动蹄片。运行时严禁用驻车制动器，只有在行车制动器失灵，又遇紧急情况需要停车时，才可用驻车制动器紧急停车。停车时，必须拉紧驻车制动器。

7.1.5　加速踏板的操作

操纵加速踏板要以右脚跟为支点，前脚掌轻踩加速踏板，用踝关节的伸屈动作踩下或放松。操纵时要平稳用力，不得猛踩、快踩、连续抖动。

7.1.6　控制杆的操作

(1) 操作方法

提升臂控制杆和铲斗控制杆可以操作提升臂和铲斗，如图 7-7 和图 7-8 所示。

提升臂控制杆如图 7-9 所示：①提升；②提升臂保持在同一位置；③下降；④浮动。提升臂在外力下可自由移动。当提升臂控制

图 7-7　操作提升臂和铲斗

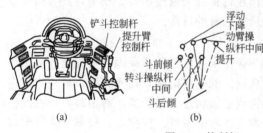

(a)　　　　　　　　(b)　　　　　　　　(c)

图 7-8　控制杆

杆从提升位置再往前拉时，控制杆就在该位置上，直到提升臂到达
预定的位置，然后控制杆返回"保持"位置。

铲斗控制杆如图 7-10 所示：①倾斜；②保持铲斗在同一位置；
③卸料。当铲斗控制杆从"倾斜"位置往前拉时，操纵杆就停在该
位置上，直到铲斗到达定位器预定的位置，然后控制杆返回"保

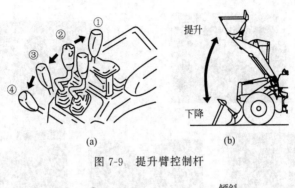

图 7-9　提升臂控制杆

图 7-10　铲斗控制杆

持"位置。

　　如前所述，装载机作业过程就是通过铲装、挖掘，并与运输车辆配合，达到铲、装、运卸物料的目的。

　　(2) 注意事项

　　铲装散料时应使铲斗保持水平，然后操纵提升臂控制杆使铲斗与地面接触，同时使装载机以低速度前进，插入料堆，再一边前进一边收斗，待装满再举臂到运输状态。如铲满斗有困难，可操纵铲斗控制杆，使铲斗上下颤动或稍微举臂。挖掘时，应将铲斗转到与地面成一定角度，并使装载机前进铲挖物料或土壤。切土深度应保持在 150～200mm 左右。铲斗装满后，举臂到距地面约 400mm 后，再后退、转动、卸料，如图 7-11 所示。

　　无论铲装或挖掘时，都要避免铲斗偏载。不允许在收斗或半收斗而未举臂时就前进，以免造成发动机熄火或其他事故。

　　作业场地狭窄或有较大障碍物时，应先清除、平整，以利正常

图 7-11　铲装散料基本操作

作业。当铲装阻力较大，出现履带或轮胎打滑时，应立即停止铲装，切不可强行操作。若阻力过大，造成发动机熄火时，重新启动后应进行与铲装作业相反的作业，以排除过载。

铲斗满载越过大坡时，应低速缓行，到达坡顶。机械重心开始转移时，应立即踩下制动踏板停车，然后再慢慢松开（履带式装载机此时应使履带斜向着地），以减小机械颠簸、冲击。

7.2 启动与熄火

7.2.1 启动

启动前，应检查冷却液高度、机油和燃油量、蓄电池电解液液面高度、灯光、仪表、轮胎气压等。驾驶员按照启动前应检查的程序、内容、要求，进行认真的检查后，方可启动。

（1）操作方法

检查机器周围没有人或障碍物，然后鸣喇叭和启动发动机。把钥匙开关［图 7-12（a）］的钥匙转到 ON 位置，如图 7-12（b）所示。然后把加速踏板［图 7-12（a）］轻轻踏下，如图 7-12（c）所示。把启动开关的钥匙转到启动位置把发动机启动，如图 7-12（d）所示。当发动机已启动，把启动开关的钥匙放开，钥匙将自动返回到 ON 位置，如图 7-12（e）所示。具体做法如下。

① 拉紧驻车制动器，变速杆置空挡位置。

② 打开点火开关，接通点火线路。

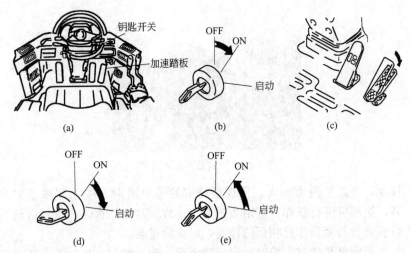

图 7-12 点火开关的使用

③ 左脚踏下离合器踏板，右脚稍踏下加速踏板，汽油机要拉出阻风门拉钮（热机时不必拉出），转动点火开关钥匙置启动位置即可启动；柴油机要旋转启动旋钮或按钮。

④ 发动机启动后，待发动机怠速运转稳定后，松开离合器踏板，保持低速运转，逐渐升高发动机温度。切勿猛踩加速踏板，以免造成机油压力过高，发动机磨损加剧。

（2）注意事项

① 发动机在低温条件下，应进行预热，一般可采用加注热水的方法并用手摇柄摇转曲轴，使各润滑面得到较充分的润滑，严禁使用明火预热。

严寒情况下冷机启动时，先用手转动风扇，防止水泵轴冻结，转动汽油泵摇臂，使化油器内充满汽油，预热发动机再行启动。

② 启动机一次工作时间不得超过 5s，切不可长时间接下按钮不放，以免损坏启动机和蓄电池。连续两次启动的时间间隔应不短于 15s。连续三次仍然启动不了，应进行检查，待故障排除后，再行启动。

③ 禁止使用拖拉、顶撞、溜坡或猛抬离合器踏板的方法进行启动，以免损伤机件及发生事故。

7.2.2 熄火

装载机作业结束需要停熄时，汽油装载机只需将点火开关关闭，观察电流表指针的摆动情况，即可判断电路是否已经切断。在停熄发动机前，切勿猛踏加速踏板轰车，这不仅会浪费燃料，而且还会增加发动机的磨损。如果在发动机温度过高时熄火，首先应使发动机怠速运转 1～2min，使机件均匀冷却，然后再关闭点火开关，将发动机停熄。柴油装载机停熄时，应先以怠速运转数分钟，待机件得到均匀冷却后，操纵停车手柄，使喷油泵柱塞转至不供油位置，便可停熄。

7.3 起步与停车

7.3.1 起步

装载机起步是驾驶训练最常用、最基础的科目，主要包括平路起步和坡道起步。装载机完成启动操作后，发动机运转正常，无漏油、漏水现象，货叉升降平稳，门架倾斜到位，便可以挂挡起步。

（1）平路起步

装载机在平路上起步时，身体要保持正确的驾驶姿势，两眼注视前方道路和交通情况，不得低头看。操作要领如下。

① 左脚迅速踏下离合器踏板，右手将变速杆挂入一挡，换向杆挂入前进挡或倒挡。一般要用低速挡起步，可用一挡。

② 松开驻车制动操纵杆、打转向灯、鸣笛。

③ 在慢慢抬起离合器踏板的同时，平稳地踏下加速踏板，使装载机慢慢起步。

起步时应保证迅速、平稳，无冲动、振抖、熄火现象，操作动作要准确。

平稳起步的关键在于离合器踏板和加速踏板的配合。离合器踏板与加速踏板的配合要领：左脚快抬听声音，音变车抖稍一停，右脚平稳踏加速踏板，左脚慢抬车前进。

(2) 坡道起步

① 操作要领

a. 在10°坡道上行驶至坡中停车，发动机不熄火，挂入空挡，靠制动及加速踏板保持动平衡，车不下滑。

b. 起步时，挂入前进一挡，踩下加速踏板，同时松抬离合器踏板至半联动，并松开驻车制动器，再接着逐渐加速，松开离合器踏板，起步上坡前进。

c. 起步时，若感到后溜或动力不足，应立即停车，重新起步。

② 操作要求

a. 坡道上起步时，起步平稳，发动机不得熄火。

b. 装载机不能下滑，车轮不能空转。

c. 换挡时不能发出声响。

7.3.2 停车

(1) 操作要领

① 松开加速踏板，打开右转向灯，徐徐向停车地点停靠。

② 踏下制动踏板，当车速较慢时踏下离合器踏板，使装载机平稳停下。

③ 拉紧驻车制动杆，将变速杆和换向杆移到空挡。

④ 松开离合器踏板和制动踏板，关闭转向灯和点火开关，将熄火拉钮拉出后再关上。

(2) 操作要求

① 熟记口诀：减速靠右车身正，适当制动把车停，拉紧制动放空挡，踏板松开再关灯（熄火）。

② 把握平稳停车的关键在于根据车速的快慢适当地运用制动踏板，特别是要停住时，要适当放松一下踏板。方法包括轻重轻、重轻重、间歇制动和一脚制动等。

7.4 直线行驶与换挡

7.4.1 直线行驶

直线行驶主要包括起步、行驶，应注意离合器、制动器和加速踏板的使用以及换挡操作等。

(1) 操作要领

① 直线行驶时，要看远顾近，注意两旁。

② 操纵转向盘，应以左手为主，右手为辅，或左手握住转向盘手柄操作。双手操纵转向盘用力要均衡、自然，要细心体会转向盘的游动间隙。

③ 如路面不平、车头偏斜时，应及时修正方向。修正方向要少打少回，以免"画龙"。

(2) 注意事项

① 驾驶时要身体坐直，左手握住快速转向手柄，右手放在转向盘下方，目视装载机行进的前方，精力集中。

② 开始练习时，由于各种操作动作不熟练，绝对禁止开快车。

③ 行驶中，除有时一手必须操作其他装置（如门架的升降及前后倾等）外，不得用单手操纵转向盘。

7.4.2 换挡

(1) 装载机挡位

装载机挡位一般分为方向挡和速度挡，即前进挡和后退挡、低速挡和高速

图 7-13 装载机挡位

挡。装载机行驶中，要根据情况及时换挡。在平坦的路面上，装载机起步后应及时换高速挡（图 7-13）。

(2) 换挡操作要领

低速挡换高速挡称为加挡，高速挡换低速挡称为减挡。

① 加挡 通常用两脚离合器。先加速，当车速上升后，踏下

离合器踏板，变速杆移入空挡，抬起踏板，再迅速踏下并将变速杆推入高速挡，最后在抬起离合器踏板的同时，缓缓加油。

② 减挡　通常用两脚离合器，中间踏下加速踏板。先放松加速踏板，使装载机减速，然后踏下离合器踏板，将变速杆移入空挡，在抬起离合器踏板后踏下加速踏板，再踏下离合器踏板，并将变速杆挂入低速挡，最后在放松离合器踏板的同时踏下加速踏板。

装载机在行驶中，驾驶员应准确地掌握换挡时机。加挡过早或减挡过晚，都会因发动机动力不足造成传动系统抖动；加挡过晚或减挡过早，则会使低挡使用时间过长，而使燃料经济性变坏，必须掌握换挡时机，做到及时、准确、平稳、迅速。

(3) 注意事项

① 换挡时两眼应注视前方，保持正确的驾驶姿势，不得向下看变速杆。

② 变速杆移至空挡后不要来回晃动。

③ 齿轮发响和不能换挡时，不允许硬推，应重新换挡。

④ 换挡时要掌握好转向盘。

7.5 转向与制动

7.5.1 转向

装载机在行驶中，常因道路情况或作业需要而改变行驶方向。装载机转向是靠偏转后轮完成的，因此装载机在窄道上进行直角转弯时，应特别注意外轮差，防止后轮出线或刮碰障碍物。

(1) 操作要领

① 当装载机驶近弯道时，应沿道路的内侧行驶，在车头接近弯道时，逐渐把转向盘转到底，使内前轮与路边保持一定的安全距离。

② 驶离弯道后，应立即回转方向，并按直线行驶。

(2) 注意事项

① 要正确使用转向盘：弯缓应早转慢打，少打少回；弯急应

迟转快打，多打多回。

② 转弯时，车速要慢，转动转向盘不能过急，以免造成侧滑。

③ 转弯时，应尽量避免使用制动，尤其是紧急制动。

7.5.2 制动

制动是降低车速和停车的手段，它是保障安全行车和作业的重要条件，也是衡量驾驶员驾驶操作技术水平的一项重要内容。一般按照需要制动的情况，可分为预见性制动和紧急制动两种。

预见性制动就是驾驶员在驾驶装载机行驶作业中，根据行进前方道路及工作情况，提前做好准备，有目的地采取减速或停车的措施。

紧急制动就是驾驶员在行驶中突遇紧急情况，所采取的立即正确使用制动器，在最短的距离内将车停住，避免事故发生的措施。

（1）制动的操作要领

① 确定停车目标，放松加速踏板。

② 均匀地踩下制动踏板，当车速减慢后，再踩下离合器踏板，平稳停靠在预定目标。

③ 拉紧驻车制动杆，将变速杆和方向杆移至空挡。

④ 关闭点火开关，拉出熄火拉钮待发动机停转后，再接下熄火拉钮。

（2）定位制动

在距装载机起点线 20m 处，放置一个定点物，装载机制动后，要求货叉能够触到定点物但不能将其撞倒。

① 操作要求

a. 装载机从起点线起步后，以高速挡行驶全程，换挡时不能发出响声。

b. 制动后发动机不能熄火。

c. 叉尖轻轻接触定点物，但不能将其撞倒。

② 操作要领

a. 装载机从起点线起步后，立即加速，并换入高速挡。

b. 根据目标情况，踩下制动踏板，降低车速。

c. 当接近目标装载机将要停下时，踏下离合器踏板，并在装载机前叉距目标 10cm 时，踩下制动踏板将车停住。

d. 将变速杆放入空挡，松开离合器踏板和制动踏板。

（3）注意事项

① 装载机在雨、雪、冰等路面或站台上行驶，不得紧急制动，以免发生侧滑或掉下站台。

② 一般情况下，不得采取不用离合器而直接制动停车的方法，不得以倒车代替制动（紧急情况下除外）。

③ 使用驻车制动器时，必须先用行车制动器将车制动住，然后再使用驻车制动器。一般情况下使用驻车制动器时，不可用力过猛，以防推杆体、护杆套脱落，卡住制动蹄片。运行时严禁使用驻车制动器，但当行车制动器失灵，又遇紧急情况需要停车时，也可使用驻车制动器紧急停车。停车时，必须实施驻车制动。

7.6 倒车与调头

7.6.1 倒车

（1）操作要领

装载机后倒时，应先观察车后情况，并选好倒车目标。挂上倒挡起步后，要控制好车速，注意周围情况，并随时修正方向。

倒车时，可以注视后窗倒车、注视侧方倒车、注视后视镜倒车。目标选择以装载机纵向中心线对准目标中心、装载机车身边线或车轮靠近目标边缘。

（2）操作要求

① 装载机倒车时，应先观察好周围环境，必要时应下车观察。

② 直线倒车时，应使后轮保持正直，修正时要少打少回。

③ 曲线倒车应先看清车后情况，在具备倒车条件下方可倒车。

④ 倒车转弯时，在照顾全车动向的前提下，还要特别注意后内侧车轮及翼子板是否会驶出路外或碰及障碍物。在倒车过程中，内前轮应尽量靠近桩位或障碍物，以便及时修正方向避让障碍物。

（3）注意事项

① 应特别注意内轮差，防止内前轮出线或刮碰障碍物。

② 应注意转向、回转方向的时机和速度。

③ 曲线倒车时，尽量靠近外侧边线行驶，避免内侧刮碰或压线。

④ 装载机后倒时，应先观察车后情况，并选好倒车目标。

7.6.2 调头

装载机在行驶或作业时，有时需要调头改变行驶方向。调头应选择较宽、较平的路面。

（1）操作要领

先降低车速，换入低速挡，使装载机驶近道路右侧，然后将转向盘迅速向左转到底，待前轮接近左侧路边时，踏下离合器踏板，并迅速向右回转方向，制动停车。

挂上倒挡起步后，向右转足方向，到适当位置，踩下离合器踏板，向左回转方向，制动停车。

当在道路较窄时，重复以上动作。调头完成后，挂前进挡行驶。

（2）操作要求

① 在调头过程中不得熄火，不得转死转向盘，车轮不得接触边线。

② 车辆停稳后不得转动转向盘。

③ 必须在规定较短时间内完成调头。

（3）注意事项

在保证安全的前提下，尽量选择便于调头的地点，如交叉路口、广场，平坦、宽阔、土质坚硬的路段。避免在坡道、窄路或交通复杂地段进行调头。禁止在桥梁、隧道、涵洞或铁路交叉道口等处调头。

① 调头时采用低速挡，速度应平稳。

② 注意装载机后轮转向的特点。

③ 禁止采用半联动方式，以减少离合器的磨损。

第8章
装载机场地驾驶的训练

　　学会装载机的基本驾驶动作后，还要根据实际需要，进行更严格的训练。装载机场地驾驶是把前面所学的起步、换挡、转向、制动、停车等单项操作，在规定的场地内，按规定的标准和要求进行综合练习。通过练习，可以培养、锻炼驾驶员的目测判断能力和驾驶技巧，提高装载机驾驶技术水平。

8.1 场地驾驶训练科目

8.1.1 直弯通道行驶训练

　　装载机在作业时，经常在狭窄的直弯通道中行驶，必须考虑场地的通道宽度和装载机的转弯半径，只有正确驾驶操作，才能保证安全顺利地作业。

　　(1) 场地设置

　　如图 8-1 所示，路宽要根据训练机器的大小尺寸来确定，路宽＝外转向轮半径－内前轮半径＋安全距离，即 $B_{转}=R-r+C_{安}$。路长可以任意设定。

　　(2) 操作要求

　　装载机起步后前进行驶，经过右转→左转→左转→右转后，到达停车位；然后接原路后退行驶，经过右转→左转→左转→右转后，返回到起始位置。行驶过程中要保持匀速行驶，做到不刮、不碰、不熄火、不停车。

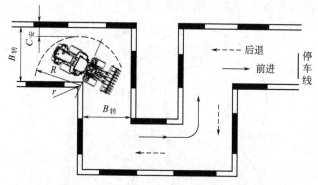

图 8-1 直弯通道场地设置

（3）操作要领

① 前进　车辆进入课目区应尽量靠近内侧边线，内侧车轮与内侧边线应保持约 0.10m 的距离，并保持平行前进。距离直角 1～2m 处，减速慢行。待门架与转折点平齐时，迅速向左（右）转动转向盘至极限位置，使装载机内前轮绕直角转动；直到后轮将越过外侧边线时，再回转转向盘。把方向回正后，按新的行进方向行驶，完成此次前进操作。

② 后退　装载机后轮沿外侧行驶，为前轮留下安全行驶距离。当装载机横向中心线与直角点对齐时，迅速向左（右）转动转向盘到极限位置，待前轮转过直角点时立即回转方向摆正车身，继续后退行驶。

（4）注意事项

① 应特别注意外轮差，防止后轮出线或刮碰障碍物。

② 要控制好车速，注意转向、回转方向的时机和速度。

③ 操作时用低速挡匀速通过。

④ 尽量靠近内侧边线行驶，转向要迅速，注意不要刮碰。

⑤ 转弯后应注意及时回正方向，避免刮碰内侧。

8.1.2　绕"8"字形训练

（1）场地设置

绕"8"字可以进一步练习装载机的转向，训练驾驶员对转向盘的使用和行驶方向的控制（图 8-2）。

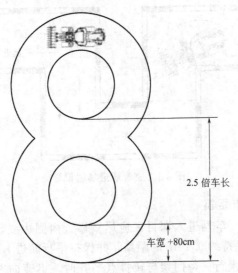

2.5 倍车长

车宽 +80cm

图 8-2　绕 "8" 字场地设置

装载机路宽＝车宽＋80cm；电动装载机路宽＝车宽＋60cm。

大圆直径＝2.5 倍车长。

小圆直径＝大圆直径－路宽。

（2）操作要求

① 车速不宜过快，操作时用同一挡位行驶全程。待操作熟练后，再适当加速。

② 装载机行进时，内、外侧不能刮碰或压线。

③ 中途不能熄火、停车。

（3）操作要领

① 装载机从 "8" 字形场地顶端驶入，运用加速踏板要平稳，并保持匀速行驶，防止装载机动力不足。

② 装载机稍靠近内圈行驶，前内轮尽量靠近内圆线，随内圆变换方向，避免外侧刮碰或压线。

③ 通过交叉点时，在装载机与待驶入的通道对正时，及时回正方向；同时改变目标，并向另一侧转向继续行驶。转向要快而适

当，修正要及时、少量。

④ 装载机后倒时，后外轮应靠近外圈，随外圈变换方向，如同转大弯一样，随时修正方向。

（4）注意事项

① 应特别注意外轮差，防止后轮出线或刮碰障碍物。

② 注意转向、回转方向的时机和速度。

③ 尽量靠近内侧边线行驶，避免外侧刮碰或压线。

④ 转弯后应注意及时回正方向。同时改变目标，并向另一侧转向继续行驶。

8.1.3　侧方移位的训练

装载机在作业中，采用前进和后倒的方法，由一侧向另一侧移位，称侧方移位。

（1）场地设置

场地设置如图 8-3 所示，车位长（1-4、2-5、3-6）为两车长；车位宽（甲乙两库宽之和）＝两车宽＋80cm。

（2）操作要求

① 按规定的行驶路线完成操作，两进、两倒完成侧方移位至另一侧后方时，要求车正、轮正。

② 操作过程中车身任何部位不得碰、挂桩杆，不允许越线。

③ 每次进退过程中，不得中途停车，操作中不得熄火，不得使用"半联动"和"打死转向盘"。

（3）操作要领

① 装载机从左侧（甲库）移向右侧（乙库）

a. 第一次前进　起步后稍向右转向，使左侧沿标志线慢慢前进，当货

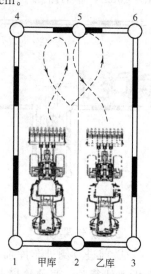

图 8-3　装载机侧方
移位场地设置

叉前端距前标志线 0.5m 时，迅速向左转向，全车身朝向左方。在距标志线约 30cm 时，踏下离合器，向右快速回转方向并停车。

b. 第一次倒车　起步后继续把方向向右转到底，并边倒车边向左回转方向。当车尾距后标志线 0.5m 时，迅速向右转向并停车。

c. 第二次前进　起步后向右继续转向，然后向左回正方向，使装载机前进至适当位置停车。

d. 第二次倒车　应注意修正方向，使装载机正直停在右侧库中。

② 装载机从右侧（乙库）向左侧（甲库）移位　要领与装载机从左侧（甲库）移向右侧（乙库）的要领基本相同。

8.1.4　倒进车库的训练

(1) 场地设置

场地设置如图 8-4 所示，车库长＝车长＋40cm，车库宽＝车宽＋40cm，库前路宽＝25 倍车长。

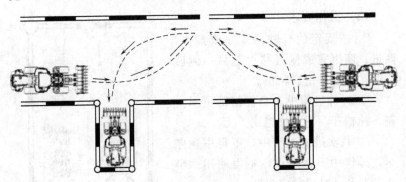

图 8-4　装载机倒进车库场地设置

(2) 操作要领

① 前进　倒进车库前，装载机以低速挡起步，先靠近车库一侧的边线行驶。当前轮接近库门右桩杆时，迅速向左转向，当前进至货叉距边线约 1m 时，迅速并适时地回转转向盘，同时立即

停车。

② 后倒　后倒前，看清后方，选好倒车目标，起步后继续转向，注意左侧，使其沿车库一侧慢慢后倒，并兼顾右侧。当车身接近车库中心线时，及时向左回正方向，并对方向进行修正，使装载机在车库中央行驶。当车尾与车库两后桩杆相距约 20cm 时，立即停车。

（3）注意事项

要注意观察两旁，进退速度要慢，确保不刮不碰；装载机应正直停在车库中间，货叉和车尾不超出库线。

8.1.5　越障碍的训练

（1）场地设置

场地设置如图 8-5 所示。

（2）操作要求

① 门架垂直，货叉在最大宽度位置。

② 在规定的时间内装载机由起点驶入障碍区；起步、进出障碍区要鸣笛。

③ 行驶中不擦、碰障碍物（按要求每 490mm 摆放一标杆作为障碍物）。在行驶中不能熄火。

④ 在圆角处绕过一周后，再倒退返回原地，按规定停放装载机。

（3）操作要领

① 装载机前进时，用低速挡起步行驶。

a. 当装载机货叉前端与通道边线平行时，开始转向，使装载机处于通道中间，保持低速行驶。

b. 当接近转弯时，使装载机靠近左侧行驶，当装载机门架与弯道横线平行时，迅速转向使装载机进入横向弯道，同时使装载机靠近右侧，并转向使装载机进入纵向通道。

c. 当装载机门架与环形通道接触时，开始转向，使装载机沿弯道左侧行驶，绕行一周后，前进行驶结束。

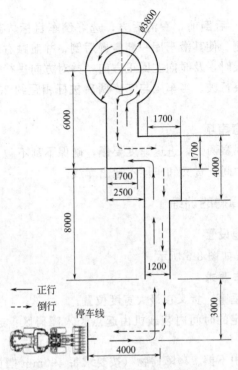

图 8-5　装载机越障碍场地设置

② 装载机驶过环形通道后，再进行倒退行驶。

a. 驾驶员要按倒车要领，瞄准装载机尾部，使装载机沿外侧行驶，当尾部与弯道横线接触时开始转向，使装载机转弯进入横向或纵向通道。

b. 驶入窄道时，要使装载机保持在中间行驶，驶出窄道后，边转弯边使装载机正直停放在原位。

8.1.6　装载货物曲线行驶训练

（1）训练器材

① 普通沙土堆或石子堆。

② 铁标杆 18 个（高 1500mm、直径 8mm，底座为边长 150mm、

厚度为 8mm 的等边三角形)。

(2) 场地设置

按图 8-6 所示画线立标杆,将沙土堆或石子堆放在一号位内,装载机放置在车库里,如图 8-6 所示。

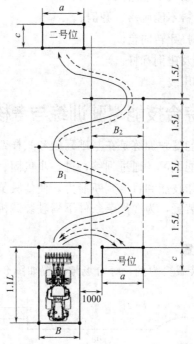

• 标杆 —— 前进路线 --- 后退路线

$$B = b + 200 \ (\text{mm})$$
$$B_1 = B_2 = B + 500 \ (\text{mm})$$

图 8-6 装载货物曲线行驶训练场地设置

L—装载机最大长度;b—装载机最大宽度,mm;B,B_1,B_2—两标杆中心线距离,mm

(3) 操作要领

① 接指挥信号后,装载机鸣笛起步进一号位,铲取土料装满斗后倒回车库,铲斗离地 200~300mm 顺进穿桩,行驶到二号位,卸下土料,空车倒回车库。

② 装载机再进一号位，铲取土料装满斗后，按第一次的路线，行驶到二号位，卸下土料（一次放齐，不能再整理），然后将车倒回车库，按规定停放。在规定的时间内完成上述动作。

（4）操作要求

① 行驶中发动机不能熄火。

② 行驶中土料不能脱落、翻倒。

③ 不能原地打死转向盘。

④ 不能擦碰及碰倒标杆。

⑤ 车轮不能压线。

8.2 场地综合技能驾驶训练与考核

场地综合技能驾驶训练是在基础驾驶和式样驾驶的基础上进行的综合性驾驶技能练习。通过训练，进一步巩固、强化和提高"五大基本功"的操作技能和目测判断能力，使驾驶员能熟练、协调地操作各驾驶操纵装置，为在复杂条件下驾驶装载机打下良好的技术基础。

（1）场地设置

以 ZL30 型装载机为例，综合场地设置如图 8-7 所示。

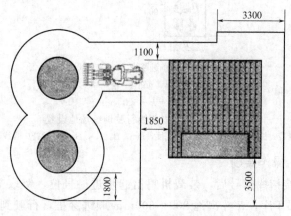

图 8-7　综合场地设置

（2）操作内容

综合场地训练内容如图 8-8 所示。重车操作及考核可在装载机作业内容完成后进行。

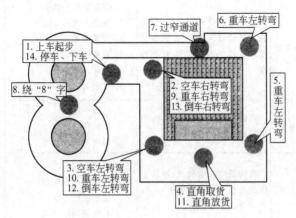

图 8-8　综合场地训练内容

（3）考核标准

综合场地考核共分 14 个考核点，并按百分制记分，见表 8-1。要求在 6min 内完成全部科目的操作。

表 8-1　装载机综合场地考核评分标准

考核内容	分数	操作要求	扣分项目	扣分标准
上车起步	4分	手抓车架，右手扶靠椅上车，做完准备工作后，平稳起步，否则予以扣分	1. 上车动作不正确 2. 起步不升货叉 3. 起步不松驻车制动 4. 起步不稳	1分 1分 1分 1分
空车右转弯	6分	要求驾驶员左顾右盼，不得刮碰，否则予以扣分	1. 压碰内侧一次 2. 后侧刮压一次 3. 前碰一次 4. 调整一次	扣1~3分 扣1~3分 扣2分 扣2分
空车左转弯	5分	驾驶员应提前向内侧逐步转向，避免外侧刮压，否则予以扣分	1. 外侧刮压一次 2. 前碰一次 3. 调整一次	扣1~3分 扣2分 扣2分

考核内容	分数	操作要求	扣分项目	扣分标准
直角取货	14分	先调整车身,使其保持与货物或货位垂直,然后按装载机叉取货物的八个动作要领操作	1. 后侧刮压一次 2. 撞货一次 3. 货叉调整方法不当 4. 取货偏斜,不到位 5. 刮碰两侧货垛 6. 后倒时后撞一次	扣2~3分 扣5分 扣2分 扣1~4分 扣1~3分 扣2~4分
重车左转弯	6分	驾驶员应逐渐向左转向,避免刮碰,否则予以扣分	1. 前碰一次 2. 内侧刮碰一次 3. 调整一次	扣3分 扣1~3分 扣2分
重车左转弯	7分	驾驶员应注意转向、回转方向的时机和速度,避免刮碰,否则分别予以扣分	1. 内侧刮压一次 2. 外侧刮压一次 3. 前侧刮压一次 4. 前内侧刮压一次	扣1~3分 扣2~4分 扣2~4分 扣2~4分
过窄通道	8分	过窄通道时,车速要慢、方向要稳,少打早打,早回少回,避免刮碰,否则予以扣分	1. 刮碰一次 2. 调整一次 3. 刮碰三次以上	扣1~3分 扣2分 扣4分
绕"8"字	8分	装载机绕"8"字时,应稍靠近内侧行驶,避免刮碰,否则予以扣分	1. 外侧刮碰一次 2. 内侧刮碰一次 3. 调整一次	扣2~4分 扣1~3分 扣2分
重车右转弯	6分	驾驶员应注意转向、回转方向的时机和速度,避免刮碰,否则分别予以扣分	1. 压碰内侧一次 2. 刮碰后侧一次 3. 前碰一次 4. 调整一次	扣1~3分 扣1~3分 扣2~4分 扣2分
重车左转弯	5分	驾驶员应逐渐向左转向,避免刮碰,否则予以扣分	1. 后侧刮压一次 2. 前碰一次 3. 调整一次	扣1~3分 扣2~4分 扣2分
直角放货	13分	先调整车身,使其保持与货物或货位垂直,然后按装载机卸货的八个动作要领操作	1. 后轮刮压一次 2. 撞货一次 3. 铲斗调整不当 4. 刮碰两侧物障 5. 货物堆放不齐	扣2~3分 扣5分 扣2分 扣2~4分 扣1~3分

続表

考核内容	分数	操作要求	扣分项目	扣分标准
倒车左转弯	6分	驾驶员应牢记倒车的要领，注意左前轮和右后轮不能压线刮碰	1. 压碰内侧一次 2. 后侧刮压一次 3. 调整一次	扣1~3分 扣1~3分 扣2分
倒车右转弯	6分	驾驶员应牢记倒车的要领，注意左后轮和右前轮不能压线刮碰	1. 压碰内侧一次 2. 后侧刮压一次 3. 调整一次	扣1~3分 扣1~3分 扣2分
停车、下车	6分	驾驶员要做好必要的调整工作，再按正确姿势下车，否则要视情况分别予以扣分	1. 车位不正 2. 不摘挡 3. 不放铲斗 4. 不拉驻车制动器 5. 下车动作不正确	扣2分 扣1分 扣1分 扣1分 扣1分
其他		除了以上14个考核点的扣分处，发生下列情况，还要在总分中扣除	1. 随意停车一次 2. 熄火一次 3. 打死轮一次 4. 转向盘操作不当 5. 碰撞货物后果严重 6. 超过6min	扣2分 扣1分 扣2分 扣5分 扣4分 扣4分
总分		100分		

第9章
装载机安全驾驶与作业

　　装载机作为运输作业的主要机种，有着运转灵活、使用方便、适应性好、载重量可大可小、速度可快可慢，车辆体积有大有小，能将物资直接运达到目的地等特点。对操作装载机的驾驶员提出了更高的要求，在掌握了装载机的基本结构和性能后，通过场内驾驶训练达到一定熟练程度后，再学习装载机各项安全规定和操作规程，并能在实际驾驶中得到熟练运用，做到安全行车、安全作业，才能真正发挥装载机的工作效率。

9.1 装载机驾驶技术与作业技术

9.1.1 驾驶技术

(1) 装载机的开动

　　① 使用和操作装载机之前，必须熟读与该型号装载机有关的各种技术文件和资料，了解机器的性能与结构特点。掌握每根操纵杆或操纵手柄以及各种仪表的位置和作用，以便合理使用机器，提高使用寿命和劳动生产率。

　　② 做好开车前的各种准备工作。包括发动机启动前的准备和作业前的准备（检查各部件是否正常；仪表是否损坏；润滑、启动、制动和冷却系统的紧固、密封情况是否良好；轮胎气压和油位、水位等是否符合要求；操纵手柄是否灵活等）。

　　③ 所使用的燃油必须清洁，并经过 48h 以上的沉淀。燃油牌号应符合规定的质量要求。液压系统用油和变速箱、变矩器用油也

必须清洁，符合质量要求（ZL50 装载机变速箱、变矩器用 22 号透平油）。

④ 按规定进行保养与润滑。熟知各润滑点的位置。每次作业前都要进行维护与保养。

⑤ 发动机启动后应怠速空运转，待水温达到 55℃、气压表达到 0.45MPa 后，再起步行驶。

⑥ 山区或坡道上行驶时，应防止发动机熄火（ZL50 装载机可接受"三合一"机构操纵杆），保证液压转向。拖启动必须正向行驶。下坡行驶时不允许发动机熄火，否则液压转向失灵，会造成事故。应尽量避免载荷下坡前进运输行驶，不得已时可后退缓行。

⑦ 高速行驶用两轮驱动，低速铲装用四轮驱动。高速行驶时，为了提高发动机的功率利用，可将变矩器的离合器操纵阀的油路接通，使变矩器的泵轮与涡轮连成一体，成为刚性连接，以减少功率损失，达到高速行驶的目的。

⑧ 改变行驶方向，变换高、低速挡或驱动桥手柄都必须在停车后进行（ZL50 装载机可在行驶与工作过程中自由变速和换向）。装载机作业时，发动机水温和变矩器油温均不得超过规定值。由于重载作业，油温超过允许值时，应停车冷却。

⑨ 不允许将装载机铲斗提升到最高位置装卸货物。运载货物时，应将铲斗翻转至离地约 400mm 再行驶。

⑩ 由于出现故障，需要其他车辆牵引装载时，应将前、后传动轴和转向油缸拆下来，以防变速箱离合器片磨损，而影响牵引转向。

（2）装载机的行驶

装载机是用铲斗铲装土壤或其他物料，铲斗装满后，荷重行驶一段距离，然后卸掉斗内的土壤或物料，无论铲装土壤（物料）或荷重行驶时，都必须有一个动力克服装载机工作和运行中所遇到的阻力。由柴油机供给的这个动力经过液力变矩器的传递，提高了动力传递的稳定性；减少了发动机对传动轴系的冲击负荷。因此，装载机即使以最低速度作业，发动机仍能稳定工作而不致熄火。并且，低速时变矩器转矩大，整机牵引力增加，大大提高了驾驶和作业的能力。液力变矩器把动力送到由变速箱、离合器、万向节等组成的传动系统，再传到行驶系统，一直传到履带行走机构的驱动轮和轮胎行走机构的前、后桥，形成一个推动装载机向前行驶的牵引力。装载机依靠这个力就可以克服铲装土壤（物料）的切削阻力、行驶时的滚动阻力、上坡阻力和空气阻力，而进行正常的作业和行驶。

由于装载机工作的地面条件千变万化，所以轮胎对地面的附着力也不一样。附着情况不好时，附着力小。这时，尽管柴油机有足够的功率也得不到较大的牵引力，往往出现装载机陷在原地，车轮滑转的情况。为此，装载机在泥泞潮湿的地带工作时，就要设法采取有效措施来增加附着力，如在轮胎胎面采用特殊加深花纹，在轮胎上装防滑链条，增加作用在驱动轮上的重量（在驱动轮的轮胎中灌水或在轮轴上加配重）等。

(3) 装载机的起步、变速、转向与停车

装载机起步前需先启动柴油机。待柴油机逐渐转入正常运转之后即可将变速杆放在所需的挡位，油门打到适当的开度，逐渐增速。切忌突然猛踏油门踏板（或猛拉油门加速杆）。作业装置手柄应放在中位。采用摩擦片式离合器分离或传递动力的装载机，起步后应立即将主离合器"接合"好，使之可靠接触，以免磨损或烧坏摩擦片。

变速时，如果齿轮相碰而挂不上挡，应先将变速杆放回中位，然后缓缓变动传动齿轮间的相对位置再挂挡。变速杆扳动的位置应准确、可靠，以免造成事故。ZL50 装载机采用行星式动力换挡变速箱，通过液压系统控制两个前进挡和一个后退挡，结构紧凑，结构刚度大，齿轮接触好，变速换挡方便，使用寿命较长。

装载机在行驶和作业过程中，根据要求需经常变换行驶方向。转向器和转向装置就是为了按照驾驶员的实际要求改变行驶方向或保持直线运行而设置的。偏转车轮式转向是最基本的转向方式，但不能急转向；差速式转向阻力大、磨损大、用得较少；铰接式转向转弯半径小，机动性高，结构简单。

ZL50 装载机具有铰接式机架，液压控制转向。转向器与分配阀制成一体。分配阀的阀杆在中间位置时不转向，推进位置时向右转，拉出位置时向左转。

履带式装载机转向时，需操纵转向杆和制动踏板，使一侧履带不动，另一侧履带绕其转动来完成转向。急转弯时，可将制动踏板一次踏下不动；缓转弯时，可分数次踏下制动踏板。转向完成后，松开时的操作顺序应相反，即先松开制动踏板，再放开转向杆。

装载机停车前应先使发动机怠速运转几分钟（800～1000r/min），以便各部均匀冷却。在气温低于0℃时，应打开放水阀，放完冷却系统中的积水，以防冰冻（如添加防冻液可不放水）。另外，停车前还应将铲斗平放地面，关闭电源总开关。

停车后需认真检查：各部螺栓有无松动或丢失，如有应及时拧紧或补齐；清除机器各部的附泥、尘土等；有无漏油、漏水、漏气等情况，发现问题应及时解决；将柴油箱加满油；露天停放还要用油布将全机盖好。

9.1.2　作业技术

（1）作业的技术要求

如前所述，装载机作业过程就是通过铲装、挖掘，并与运输车辆配合，达到铲、装、运卸物料的目的。

铲装散料时应使铲斗保持水平，然后操纵动臂操纵杆使铲斗与地面接触，同时，使装载机低速前进，插入料堆，再一边前进一边收斗，待装满再举臂到运输状态。如铲满斗有困难，可操纵转斗操纵杆，使铲斗上下颤动或稍微举臂。挖掘时，应将铲斗转到与地面成一定角度，并使装载机前进铲挖物料或土壤。切土深度应保持在150～200mm左右。铲斗装满后，举臂到距地面约400mm后，再后退、转动、卸料。

无论铲装或挖掘时，都要避免铲斗偏载。不允许在收斗或半收斗而未举臂时就前进，以免造成发动机熄火或其他事故。

作业场地狭窄或有较大障碍物时，应先清除、平整，以利正常作业。当铲装阻力较大，出现履带或轮胎打滑时，应立即停止铲装，切不可强行操作。若阻力过大，造成发动机熄火时，重新启动后应进行与铲装作业相反的作业，以排除过载。

铲斗满载越过大坡时，应低速缓行，到达坡顶。机械重心开始转移时，应立即踩下制动踏板停车，然后再慢慢松开（履带式装载机此时应使履带斜向着地），以减小机械颠簸、冲击。

（2）作业的安全要求

① 作业前必须认真检查各部件、组件，如润滑油和水是否缺少，有关部件是否正常，连接是否可靠，轮胎气压是否充足。经过周密检查后，再启动发动机，冷天启动要先预热，使水温达到 30~40℃时，才能启动。启动时，由低速到高速逐渐起步。启动发动机的具体要求，参见发动机使用与维护说明书。

② 装载机运行中要结合道路情况及时变速。不能用高速挡走低速车，也不能用低速挡走高速车。

③ 发动、起步、行车都要缓踩油门，均匀加速，使发动机不冒黑烟，同时做到缓踩轻抬，不得无故忽踏忽放或连续轰油门。

④ 行驶过程中，要精神集中，注意车辆和行人的动态，正确估计动向，必要时提前减速或停车。特别在交区或农村地带，遇有牲畜车，要提前采取适当措施，预防牲畜惊车。在城市行车，要严格遵守交通规则，服从交通民警的指挥。

⑤ 安全礼让（让路、让速、挥手示意），中速行车。不得抢道行驶，不允许乱停乱放。不开快车，不开带病车。严禁非司机开车。

⑥ 驾驶车辆要姿势端正，精心操作。起步、停车要稳，情况复杂，视线不清，遇到电、汽车或过铁道口、拐弯等都要减慢行车速度，靠右行。

⑦ 行驶中，铲斗里不允许乘人、载货。

⑧ 掌握机械性能，勤调整，勤保养。

⑨ 工作时，一手握方向盘，一手握操纵杆球头，边起臂边收铲斗，也可直接收铲，两眼要注视前方，根据需要，及时、准确地开启或关闭操纵阀门。

⑩ 铲装货物时，前机架与后机架要对正，左右倾斜角不要小于160°，铲斗以平为好。进车、收铲及油门的操纵要相适应。如

遇阻力或障碍物应立即放松油门,同时立即停止动臂和铲斗的工作,不允许硬铲。

⑪ 装车时,动臂要提升到超过车箱200mm为宜。装载机应与被装货箱呈"丁"字形,同时,要特别注意距离,避免碰坏车箱、挡板等。

⑫ 卸料转斗时要握准手柄,慢推铲斗操纵杆,不得间断,使货物逐渐倾卸,形成"流沙式"。不允许猛推操纵杆,使物料同一时间倾卸。倒车时要注意后面情况。可边收铲边起臂使起臂收铲交叉进行,不要单一进行,防止横杠及铲斗小拉杆折断。

⑬ 装车应在运行车辆箱槽的前后进行。货物要装均匀、装正,并要熟悉各种货物的重量,尽量做到不少装、不超载。

⑭ 严禁在前进中挂倒挡或倒车中挂前进挡,必须踩踏制动机构,停住或自然停住后换挡,避免机件损坏。

⑮ 装车间断时,不允许重铲或长时间悬空等待。

⑯ 在软地面装车时,油门与车速要适当,不要猛冲、猛倒。左右转弯时,铲斗不要过高,保持机器运行平稳。

⑰ 夏天,由于天气炎热或连续作业时间过长而引起发动机和液压油过热而造成机械工作"无力",动臂提升很慢时,应立即停车休息,待发动机及液压油温度下降后再继续作业。

⑱ 装载机不允许连续使用(如早班连中班连夜班)。也不允许长途行驶。外埠(或运距20km以上)作业必须用其他车辆牵引到现场。作业地点离存机场10km以上者必须驻点。

⑲ 不得用装载机装冻土、片石、毛石、生铁等大块坚硬散装物资。因为阻力太大会严重损坏车辆。

⑳ 物料距离房屋或墙壁很近时不能作业。货流地面凹凸不平或陡坡较大时不能作业。

㉑ 每次作业完毕,应将机械停放在平整地带或专门的停机场,并将铲斗着地。

9.2 作业方法

装载机的挖掘铲起作业,是装载机的最基本功能,只有熟练掌握，才能很好地运用，发挥它的最大效能。

9.2.1 铲起装斗作业

(1) 作业要领

① 机器在往前驱动和降低铲斗时，要将铲斗停在距离地面30cm 的地方，然后再慢慢放下来，如图 9-1(a) 所示。若铲斗碰撞地面，前轮胎会离开地面并打滑。到达被装载物料前，立刻换到低速挡，然后踩住加速器踏板，同时将铲斗插入被装载物料。如图9-1(b) 所示，若被装载物是堆料，可将铲斗切削刃保持水平，在装载碎石时，可让铲斗略往下倾斜，如图 9-1(c) 所示。注意勿使碎石留在铲斗下方，这将使前车轮离开地面并打滑。尽量使载荷置于铲斗中央，若置于一侧，载荷则不平衡。

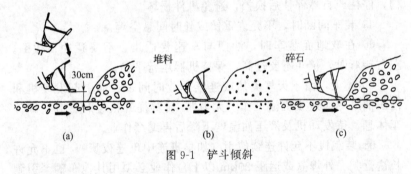

图 9-1　铲斗倾斜

② 当铲斗插入装载物的同时，将提升臂上举 ［图 9-2(a)］ 以防止铲斗走得太远，把提升臂抬起会使前车轮产生足够的牵引力。如果铲斗插入得太多而提升臂又没有抬起，或者机器停止了向前行走，这时可把加速器踏板放松一下。对每种类型的土壤要用适当的方法来操纵加速器踏板，这样可有效地节省燃油和防止轮胎磨损。

检查一下铲斗所铲物是否已满，然后操纵铲斗控制杆，使铲斗倾斜，满载物料如图 9-2(b) 所示。

如铲斗内物料过多，则应使铲斗迅速倾倒，去掉过多的物料，如图 9-2(c) 所示。

| (a) | (b) | (c) |

图 9-2　铲斗的正确插入装载

（2）作业注意事项

① 在进行挖掘或铲起作业时，始终要使机器直接面对前方。机器在铰接时千万勿进行挖掘作业。

② 若轮胎打滑，其使用寿命会缩短，所以在操作时勿使车胎打滑。

9.2.2　挖掘和装斗作业

（1）作业要领

① 当在平地上进行挖掘和装载作业时，使铲斗切削刃略向下倾斜（不能超过 20°），驱动机器前行。始终要注意勿使铲斗装载侧向一边，造成不平衡。这种作业应在 1 挡进行。如图 9-3 所示，插入料堆时应低速直线切入不允许转向，作业时不允许单桥受力。

② 驱动机器前行，将提升臂控制杆往前推，挖土时要切入一层薄薄的地表面，如图 9-4 所示。

③ 驱动机器前行时，要把提升臂控制杆稍作上下移动以减少阻力，如图 9-5 所示。使用铲斗挖掘作业时，避免让挖掘力只作用在铲斗一侧。

（2）作业注意事项

操作时要注意以下两点。

① 始终使作业工地保持平坦，清除任何滚落的石子。

② 装载堆放材料时，用 1 挡或 2 挡操作，装载碎石时，用 1 挡操作。

图 9-3　平地上挖掘和装斗作业（一）

图 9-4　平地上挖掘和装斗作业（二）

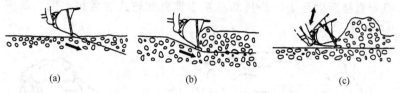

(a)　　　　　　　　(b)　　　　　　　　(c)

图 9-5　平地挖掘和装斗作业示意图

9.2.3　装载和搬运作业

　　装载机的装载和搬运方法由一个循环组成，它包括铲挖→搬运→装车（装进料斗、大洞穴等）。搬运的形式有"十"字形行驶装载、V 形装载、平地作业、推进作业等，如图 9-6 所示。

(a)　　　　　　　　　　　　　(b)

(c)　　　　　　　　　　　　　(d)

图 9-6　装载机作业的形式

(1)"十"字形行驶装载

始终使轮式装载机以直角对着堆料。挖掘进去铲起堆料后，让机器直接反向行走，将自卸车置于堆料和轮式装载机之间，如图9-7所示。

图9-7 "十"字形行驶装载

这一方法所需装载时间最短，在减少生产周期上最为有效。

(2) V形装载

让自卸车定位在轮式装载机方向和堆料方向成约60°的地方。装满了铲斗后，让轮式装载机倒车，然后转变面向自卸车，向前行走卸在自卸车上，如图9-8所示。轮式装载机转弯角度越小，操作效率越高。

当装载满了铲斗，并使其上升到最大高度时，把铲斗提升前要先摇晃一下铲斗，使泥土稳定住。这将防止载料撒在后面。

(3) 平地作业

进行平地作业时是让机器后退而进行的，如果平地作业必须向前进行，则铲斗的卸料角不应大于20°。

铲斗装满泥土。让机器一边倒车行走，一边从铲斗一点一点地将泥土撒出。让铲斗斗齿触到地面从撒下的泥土上走过，用向后拖的方法把地面整平，如图9-9所示。如果推力不足，可进行"下

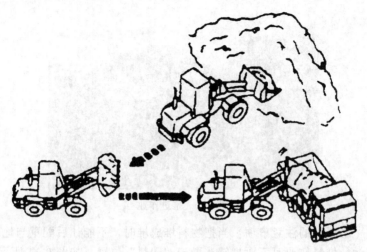

图 9-8　V 形装载

图 9-9　平地作业

降"作业增加推力。

（4）推进作业

当进行推进作业时绝对不能把铲斗放置在"卸料"位置。在进行推进作业时，让铲斗的底部与地面平行，如图 9-10 所示。

图 9-10 推进作业

堆料时的注意事项：当把物料堆成堆时，不能让后配重与地面接触；堆料作业时不要把铲斗置于"卸料"位置，如图 9-11 所示。

图 9-11 堆料注意事项

9.2.4 几种特殊作业的注意事项

（1）涉水行驶的注意事项

在水中或沼泽地作业时，不能让水超过车桥外壳的底部，如图 9-12 所示。作业完成后，清洗和检查润滑点。

（2）上坡或下坡的注意事项

① 在山坡转弯时，转弯前将工作装置降低以降低重心。当工作装置升高时机器转弯是很危险的。

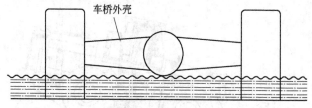

车桥外壳

图 9-12　涉水行驶

② 在下坡行走时如果频繁使用刹车踏板，则制动器可能会过热并损坏。为避免这一问题，应变速到低速挡，并充分利用发动机的制动力。

③ 刹车时，使用右刹车踏板。

④ 如果速度控制杆不置于适当的速度位置，变矩器的油可能会过热。如果过热，可将速度控制杆置于下一个低速挡以降低油温。

⑤ 即使控制杆在1挡，如果温度计不显示绿挡，也应将机器停驶，把控制杆置于空挡位置，以中速运转发动机，直到温度计显示出绿挡为止。

⑥ 如果发动机在山坡上熄火，则完全踩住右刹车踏板。然后，把工作装置降低到地面，并使用停车制动器。然后将方向控制杆和速度控制杆置于空挡，再次启动发动机（如果方向控制杆不在空挡位置，则发动机不能启动）。

（3）停放机器的注意事项

勿突然停驶，停止机器时要给机器有足够的时间。勿将机器停放在斜坡上。若必须这样做，则使其面对下坡的方向，然后将铲斗挖入地面，在车轮下放置楔块防止机器移动，如图9-13所示。若意外碰到控制杆，工作装置或机器可能会突然移动，导致严重事故。离开操作室前，始终要将安全锁操作杆置于"锁紧"位置。即使停放制动器开关转到ON，在停放制动器指示灯亮之前仍有危险，所以要一直踩住刹车踏板。

注意：除非发生紧急情况，行走时绝对不要用停车制动器开关来制动机器。只有在机器停止行走后，方可使用停车制动器。

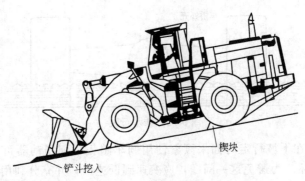

图 9-13 防止机器移动

① 放开加速器踏板，踩住制动器踏板，使机器停止行走。

② 将方向操纵杆置于 N（空挡）位置。

③ 将停车制动器开关置于 ON，施加停车制动。当施加停车制动时，变速箱自动返回空挡位置。

④ 操作提升臂控制杆，把铲斗放到地面。

⑤ 用安全锁将提升臂控制杆和铲斗控制杆锁紧。

（4）低温驾驶与作业的注意事项

① 低温操作注意事项 当气温降低时，启动发动机有困难，冷却液会结冰，所以应按下列步骤操作。

a. 燃油和润滑剂 所有部件都改用低黏度燃油和润滑剂。

b. 冷却液 让防冻液远离火源。使用防冻液时切勿吸烟。绝对不使用以甲醇、乙烯醇和丙醇为主要成分的防冻液。绝对避免使用防渗水剂，无论是独立使用或与防冻液混用。不能把不同品牌的防冻液混合使用。

要使用符合标准要求的永久型防冻液（甘醇与防腐剂、防沫剂等混合）。使用永久型防冻液，冷却液在一年内不用更换。若对现有的防冻液是否符合标准要求有疑问，可向防冻液供应商获取信息。

若没有永久型防冻液，不含防腐剂的甘醇防冻液仅可用于寒冷季节。这种情况下，冷却系统需一年清洗两次（春季和秋季）。当向冷却系统注水时，要在秋季加防冰液，而不在春季。

c. 蓄电池　为防止燃气爆炸，不能让火源靠近蓄电池。蓄电池溶液是危险的，若溅入眼睛或溅在皮肤上，应用大量的水清洗，并就医。

当外界温度下降时，蓄电池容量也会下降。若蓄电池充电率低，蓄电池溶液会冻冰。蓄电池的充电要尽可能接近100%，把蓄电池与低温隔离，使机器在次日清晨能启动。

② 完成作业后的注意事项　为防止淤泥、水或底盘冻冰，使机器在次日清晨仍能正常运行，要遵守下列注意事项。

a. 应彻底清除机器上的淤泥和水。这是为了防止淤泥或污物中的水分进入密封装置并冻结后造成密封件受损。

b. 将机器停放在坚硬、干燥的地面上。若无法做到，则应把机器停放在木板上。木板有助于防止履带冻在泥土里，使机器在次日清晨能够启动。

c. 把油箱空气排出，以防水汽积聚在油箱内部。

d. 打开排放阀，将聚集在燃油系统的水排出，防止其冻冰。

e. 由于蓄电池在低温下容量明显下降，所以要把蓄电池盖住，或将蓄电池从机器上取下来，放在气温较高的地方，次日清晨再装到机器上。

③ 转向液压油路在冷天的预热操作　当油温低时如果方向盘转动和停止，车辆可能要花一些时间才能停止转弯。在这种情况下，要在更大的范围内进行预热操作，用安全杆确保安全。不要把液压油路内的液压油连续溢流超过5s。

当温度低时，不要在发动机启动之后就立即开始车辆的作业。

转向液压油路的油预热：把方向盘向左向右慢慢转动以把转向阀里的油预热（重复本操作约10min，以对油进行预热）。

(5) 装载机长期存放的注意事项

① 存放之前　将机器长期存放时，按以下步骤操作。

a. 清洗和晾干每一部件之后，将机器置于干燥的库房。千万勿使其暴露在户外。若必须置于户外，则要置于排水良好的混凝土上，再用帆布等盖好。

b. 存放前灌满燃油箱，并进行润滑和换油。

c. 在液压活塞杆的金属表面涂上一层薄薄润滑脂。

d. 切断蓄电池的负端子并盖好，或从机器上卸下分开存放。

e. 若外界温度预计低于 0℃，则要在冷却系统添加防冻液。

f. 用安全锁锁住铲斗控制杆、提升臂控制杆和方向操纵杆，然后施加停车制动。

② 存放期间　当机器置于室内时，如果必须进行防锈操作，可打开门窗，改善通风，防止气体中毒。每月操作机器并让机器短距离行走一次，这可使运动部件和零件表面敷上一层新油膜。同时也给蓄电池充电。操作工作装置之前，要擦去液压活塞杆上的润滑脂。

③ 存放之后　若机器存放期间未进行每月一次的防锈操作，可请经销商提供服务。

(6) 装载机运输的注意事项

① 装卸机器　确保斜板有足够的宽度、长度和厚度使机器安全装卸。装载和卸车时，将拖车置于平坦的路基表面，使路肩和机器之间保持相当大的距离。清除机器底盘的泥土，以防止机器在斜板上行走时滑向一侧。保证斜板表面的清洁，无润滑脂、燃油、冰或松散的物料。在斜板上行车时千万勿改变方向。若必须这样，则应驶离斜板，改变方向后再上斜板。

当装卸机器时，要使用斜板或平台，按下列步骤操作。

a. 正常地对拖车施加制动，在轮胎下垫上楔块保持其不移动。然后将斜板固定在拖车和机器的中部，保证斜板两侧高度一致。若斜板明显下陷，则用垫块等加固，如图 9-14 所示。

b. 确定斜板的方向，然后缓慢装卸。

注意：当变速箱切断选择器开关置于 OFF 时，左刹车踏板和加速器踏板同时操作。

c. 正确地将机器装在拖车指定的部位（图 9-15）。

② 装运时的注意事项　把机器装在指定位置后，按下列步骤将它固定住。

a. 缓慢地将工作装置放低。

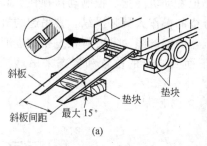

图 9-14 装载机运输的装卸方法

图 9-15 正确装拖部位

b. 用安全锁把所有控制杆牢牢锁上。

c. 将启动开关置于 OFF 位置，发动机熄火。从启动开关中取出钥匙。

d. 用安全棒锁住前车架和后车架。

e. 在前、后轮置楔块，用链条或钢丝绳固定好机器，以防止它在运输过程中移动。

f. 把收音机天线缩回。

③ 机器的吊起 当把机器吊起时，如果钢丝绳没有正确地安装好，机器可能会跌落，造成人员重伤甚至死亡。把机器提起离地100~200mm，检查机器是否水平，钢丝绳是否松弛，然后继续把

机器吊起。在把机器吊起之前要把发动机停止，把制动器锁住。起重作业使用的起重机必须要由合格的操作人员来操纵。被吊起的机器内绝对不能有人。用于吊运机器的钢丝绳一定要有很宽裕的强度来承受机器的重量。一定按照下面所给出的位置和姿态来吊运机器，绝对不能试图用别的方式。

a. 粘贴起重位置标记　如图 9-16 所示。

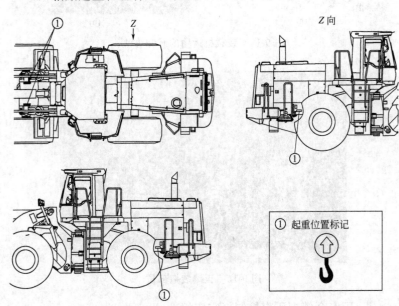

图 9-16　粘贴起重位置标记

b. 起重程序　如图 9-17～图 9-20 所示。只有当机器有起重标记时才能进行起重工作。在开始起重作业前，把机器停在一个水平的地方，并按下列方法进行。

ⅰ. 启动发动机，确保机器在水平位置，然后把工作装置放置到运输姿态。

ⅱ. 把工作装置安全锁的杠杆推到"锁紧"位置。

ⅲ. 停止发动机，检查驾驶室周围是否安全，然后用安全杆锁紧，使前、后机架的铰链不能活动。

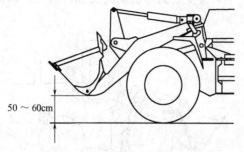

50 ~ 60cm

图 9-17　工作装置放平位置

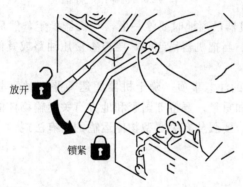

放开

锁紧

图 9-18　工作装置安全锁紧

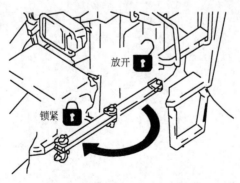

放开

锁紧

图 9-19　前、后机架的铰链锁紧

ⅳ. 把起重设备安装到前机架前面和后机架后面的起重钩（有起重标记）上。

图 9-20　机器吊起标记

ⅴ. 当机器已离地时要停一下，等机器稳定，然后继续慢慢进行起重作业。当把机器吊起时，要检查液压油路或其他任何部分应不漏油。

④ 运输的注意事项　确定机器的运输路线时要考虑到机器的宽度、高度和重量。要遵守国家和地方有关运输物体的重量、宽度的所有法规，要服从有关宽型物体运输的所有法规。

第4篇
装载机维护保养与故障排除

第10章
装载机的维护保养

在装载机的使用和保管过程中，由于机件磨损、自然腐蚀和老化等原因，其技术性能将逐渐变坏。因此，必须及时进行保养和修理。装载机保养的目的是恢复装载机的正常技术状态，保持良好的使用性能和可靠性，延长使用寿命；减少油料和器材消耗；防止事故，保证行驶和作业安全，提高经济效益和社会效益。

10.1 装载机保养的主要内容

装载机保养有许多内容，按其作业性质区分，主要工作有清洁、检查、紧固、调整和润滑等（表 10-1、图 10-1）。

表 10-1 装载机保养的主要内容

项目	内　容	要　求
清洁	清洁工作是提高保养质量、减轻机件磨损和降低油、材料消耗的基础，并为检查、紧固、调整和润滑做好准备	车容整洁，发动机及各总成部件和随车工具无污垢，各滤清器工作正常，液压油、机油无污染，各管路畅通无阻
检查	检查是通过检视、测量、试验和其他方法，来确定各总成、部件技术性能是否正常，工作是否可靠，机件有无变异和损坏，为正确使用、保管和维修提供可靠依据	发动机和各总成、部件状态正常。机件齐全可靠，各连接紧固件完好
紧固	由于装载机运行工作中的颠簸、振动、机件热胀冷缩等原因，各紧固件的紧固程度会发生变化，甚至松动、损坏和丢失	各紧固件必须齐全无损坏，安装牢靠，紧固程度符合要求

项目	内　　容	要　　求
调整	调整工作是恢复装载机良好技术性能和确保正常配合间隙的重要工作。调整工作的好坏直接影响装载机的经济性和可靠性。所以,调整工作必须根据实际情况及时进行	熟悉各部件调整的技术要求,按照调整的方法、步骤,认真细致地进行调整
润滑	润滑工作是延长装载机使用寿命的重要工作,主要包括发动机、齿轮箱、液压油缸、制动油缸,以及传动部件关节等	按照不同地区和季节,正确选择润滑剂品种,加注的油品和工具应清洁,加油口和油嘴应擦拭干净,加注量应符合要求

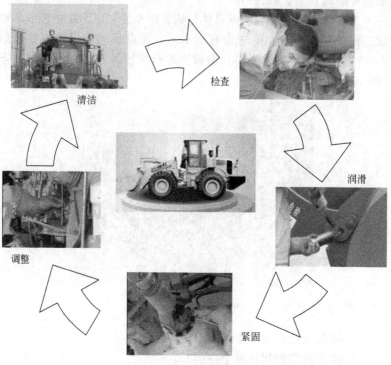

图 10-1　装载机保养主要内容

10.2 装载机保养的种类

10.2.1 装载机维护保养的要求

　　装载机的维护保养，是预防性的保养，是最容易、最经济的保养，是延长装载机的使用寿命和降低成本的关键。对装载机而言，维护保养一般分为台时或台班（每天）保养和定期保养。定期保养一般分为50h保养、100h保养、250h保养、500h保养、1000h保养和2000h保养。由于每个时间段内所保养的内容、范围、要求都不一样，所以是一种强制型的工作，时间一到是必须要做的。只有做，才能起到维护的目的。

　　由于各种型号装载机的具体结构有所差异，因而维护保养和修理工作的具体内容和要求也有所不同。现以我国使用较为普遍的ZL40装载机为例加以说明。装载机进行维护保养的一般要求如下（图10-2～图10-8）。

图10-2　装载机停平

① 将装载机停在水平地面上。
② 将变速箱控制杆置于空挡。
③ 将所有附件置于中位。
④ 拉起停车制动。

图 10-3　变速箱控制杆置于空挡

图 10-4　工作装置操纵杆

图 10-5　停车制动

图 10-6　关闭启动机开关

图 10-7　关闭发动机

图 10-8　启动机开关钥匙

⑤ 关闭发动机。

⑥ 关闭启动机开关并将钥匙取出。

10.2.2 装载机维护保养及周期

(1) 每 10h（或每天保养）

① 绕机目视检查有无异常、漏油。

② 检查发动机机油油位。

③ 检查液压油箱油位。

④ 检查灯光及仪表。

⑤ 检查轮胎气压及损坏情况。

⑥ 向传动轴压注黄油及各种润滑油。

(2) 每 50h（或一周）**保养**

① 紧固前、后传动轴连接螺栓。

② 检查变速箱油位。

③ 检查制动加力器油位。

④ 检查紧急及停车制动，如不合适则进行调整。

⑤ 检查轮胎气压及损坏情况。

⑥ 向前、后车架铰接点和后桥摆动架、中间支承以及其他轴承压注黄油。

(3) 每 100h（或半个月）**保养**

① 清扫发动机缸头及变矩器油冷却器。

② 检查蓄电池液位，在接头处涂一薄层凡士林或黄油。

③ 检查液压油箱油位。

(4) 每 250h（或一个月）**保养**

① 检查轮辋固定螺栓并拧紧。

② 检查前、后桥油位。

③ 检查工作装置和前、后车架各受力焊缝及固定螺栓是否有裂纹和松动。

④ 更换发动机机油（根据不同的质量及发动机使用情况而定）。

⑤ 检查发动机风扇皮带、压缩机及发电机皮带松紧及损坏

情况。

⑥ 检查调整行车制动器及停车制动器。

(5) 第 500h（或三个月）**保养**

① 紧固前、后桥与车架连接螺栓。

② 必须更换发动机机油，更换机油滤芯。

③ 检查发动机气门间隙。

④ 清洗燃油箱加油及吸油滤网。

(6) 每 1000h（或半年）**保养**

① 更换变速箱油，清洗滤油器及油底壳，更换或清洗透气盖里的铜丝。

② 更换发动机的燃油滤清器。

③ 检测各种温度表、压力表。

④ 检查发动机进、排气管的紧固情况。

⑤ 检查发动机的运转情况。

⑥ 更换液压油箱的回油滤芯。

(7) 每 2000h（或一年）**保养**

① 更换前、后桥齿轮油。

② 更换液压油，清洗油箱及加油滤网。

③ 检查行车制动器及停车制动器工作情况，必要时拆卸检查摩擦片磨损情况。

④ 清洗检查制动加力器密封件和弹簧，更换制动液，检查制动的灵敏性。

⑤ 通过测量油缸的自然沉降量，检查分配阀及工作油缸的密封性。

⑥ 检查转向系统的灵活性。

10.3 装载机维护保养方法

10.3.1 发动机维护项目的检查方法

(1) 发动机机油和燃油的检查

① 检查发动机油底壳机油油位 打开发动机上罩板，抽出量

油尺并擦干净，然后将量油尺完全插入管中，再取出后测量油位应该在标记 H 和 L 之间（图 10-9）。

图 10-9　测量油位

若油位低于 L 标记，通过注油口加入发动机油；若油位高于 H 标记，通过放油螺塞放掉部分发动机油，并再次检查油位（图 10-10）。

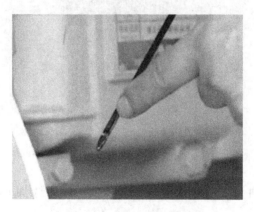

图 10-10　机油尺油位高低标记

在发动机工作后检查其油位时，应等停机 15min 以后再行检查；若机器停放倾斜，则应将其放置水平后再检查。

应等发动机冷却下来后再更换发动机油，重新注油量为

22.5L。在机器底部放置一容器，缓慢松开放油螺塞，并检查排出的油是否有过多的金属颗粒或杂质（图10-11、图10-12）。

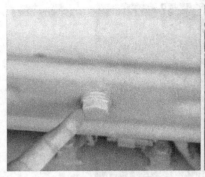 

图10-11　油底壳放油螺塞　　　　　图10-12　油底壳放油

　　② 更换机油滤芯　打开发动机罩盖，用滤芯扳手顺时针转动并拆下机油滤芯，清洗滤芯支架（图10-13）。

图10-13　拆机油滤芯

　　向机油滤芯内加满机油，在滤芯油封周围涂抹机油（图10-14）。

　　在更换滤芯之后，旋紧放油螺塞，通过注油口加入发动机油，使油位到达量油尺上的 H 和 L 标记之间（图10-15）。

　　③ 更换燃油滤芯

　　a. 从油箱中排出水和沉积物　打开油箱底的排放阀，排出油

(a)   (b)

图 10-14 向滤芯内加机油

图 10-15 加入发动机油

箱底部的水和沉积物（图 10-16），有清洁燃油流出时，再关闭排放阀（图 10-17）。在每天启动发动机之前都要放掉油箱中的水和沉积物。

　　b.检查油水分离器中的水和沉淀物　油水分离器分离混在油中的水。若浮标达到或超过红线，按下面的方法放水：松开放水螺塞并放出积聚的水，直至浮标降到底部，然后拧紧放水螺塞（图 10-18）。放水后空气被吸入燃油管路中，一定要按照与更换燃油滤芯的同样方法排气。

　　c.燃油滤芯的拆卸方法　清洗滤油器支架，用干净的燃油充满新的滤芯，并用发动机油涂抹接合表面，然后将滤芯安装在滤油

第 10 章　装载机的维护保养 ▶▶ *233*

图 10-16　排出水和沉积物

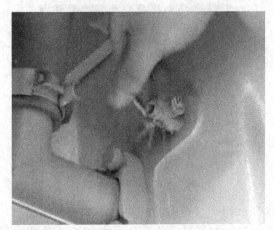

图 10-17　关闭排放阀

器支架上，拧紧应恰当（图 10-19～图 10-21）。

更换滤芯之后，按照下列过程排气：油箱加满燃油→松开排气螺塞→使用手油泵泵油约 50～60 次，直至不再有气泡从螺塞处冒出为止→拧紧排气螺塞（图 10-22）。

（2）冷却液和风扇皮带的检查

① 检查冷却液液位　要等发动机冷却后在水箱处按图 10-23所示检查冷却液液位。

图 10-18　油水分离器放水

图 10-19　拆下燃油滤芯

打开机器左后侧的门，检查副水箱冷却液液位是否在 H（满）和 L（低）标示线之间，如果液面低于下标线 L，通过副水箱注水口加注冷却液至上标线 H 位置，然后盖紧盖子，如果副水箱已空，应首先检查冷却液是否泄漏，然后加满水箱和副水箱（图 10-24）。

②检查风扇皮带的张紧度　在发电机皮带轮和风扇皮带轮的中间部位，当用手指施加约 6kgf（1kgf＝9.80665N）的力时，皮带正常偏离 5～6mm（图 10-25）。

需要调整时，拧松螺母 5、1 和螺栓 2、3，转动调整螺栓 3 使张紧轮 4 移动，直到按压 A 部位时皮带挠曲度约为 5～6mm（约6kgf）；拧紧螺母 5、1 和螺栓 2、3，以固定张紧轮 4（图 10-26）。

图 10-20 清洁燃油滤芯

图 10-21 安装燃油滤芯

图 10-22 更换滤芯后排气

图 10-23　检查冷却液液位

图 10-24　冷却液标线

　　检查皮带和皮带轮槽是否异常磨损，正常情况下皮带不应触及槽底部；若皮带拉长到不能再调整或被割破时，应更换皮带。在更换皮带后，操作机器 1h，然后再调整皮带张紧力（图 10-26）。

（3）空气滤清器滤芯的检查

　　检查空气滤清器堵塞监测灯是否闪烁；如果监测灯闪烁，应立

图 10-25　检查调整皮带

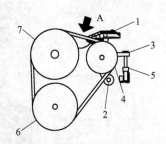

图 10-26　调整皮带方法

1,5—螺母；2,3—螺栓；4—张紧轮；6—曲轴皮带轮；7—风扇皮带轮

即清洁或更换滤芯（图 10-27、图 10-28）。

（4）发动机气门间隙的检查

① 气门间隙　会随配气机构零件的磨损而发生变化，气门间隙是配气机构的重要维护项目之一。气门间隙过大，会使气门的升程减小，引起充气不足和排气不畅，而且会带来不正常的敲击声；气门间隙过小，会使气门关闭不严，易造成漏气和气门与气门座的工作面烧蚀。因此，要按规定调整好气门间隙，以保证发动机正常的工作。气门间隙见表 10-2。

图 10-27　空气滤清器位置　　　　　图 10-28　清洁空气滤芯

表 10-2　气门间隙　　　　　　　　　　　mm

热发动机		冷发动机	
进气门	排气门	进气门	排气门
0.20～0.25	0.25～0.30	0.25～0.30	0.30～0.35

② 气门间隙的检查和调整　气门间隙的调整要在气门完全关闭、气门挺杆落至最低位置时进行。为了达到上述要求，通常是在汽缸压缩终了时，调整该缸的进、排气门。检查调整方法有以下两种。

a. 逐缸调整法　如图 10-29、图 10-30 所示。

图 10-29　气门间隙的调整要求

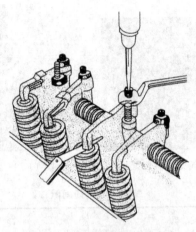

图 10-30　气门间隙的调整方法

　　ⅰ. 摇转曲轴使飞轮上的上止点记号与飞轮壳检查孔上的刻线对正，或曲轴传动带轮上的标记与指针对正，此时是一缸或六缸（四缸）压缩终了的位置，可以调整一缸或六缸（四缸）进、排气门的间隙。

　　ⅱ. 调整时应先松开锁紧螺母，旋松调整螺钉，在气门杆与摇臂之间插入规定厚度的塞尺。用螺钉旋具拧进调整螺钉，使摇臂轻轻压住塞尺，拉动塞尺有轻微阻力，固定调整螺钉的位置。拧紧锁紧螺母，再用塞尺复查一次。

　　ⅲ. 当一缸或六缸（四缸）的两气门间隙调好后，摇转曲轴120°（四缸摇转 180°），按点火顺序调整下一缸进、排气门间隙，依此类推逐缸调整完毕。

　　b. 两次调整法　多缸发动机摇转曲轴两圈，可以调整完所有的气门间隙，这是由发动机的工作循环、点火顺序、连杆轴颈的相位角和气门实际开闭角度确定的。在一缸或六缸（四缸）处于压缩终了上止点时，除调整本缸的气门间隙外，其他缸有的气门间隙也可调整。

　　常用的六缸（四缸）发动机，一般都是直列单行，点火顺序多是 1-5-3-6-2-4（四缸为 1-2-4-3 或 1-3-4-2），进、排气门都采取早开迟闭，工作循环又都相同，根据这些即可推出可调气门。依发动机的汽缸序号、气门序号和气门排列位置，再根据发动机的工作循环和点火顺序，分析各缸的工作状态，确定可调与不可调的气门。

10.3.2 装载机底盘常见维护保养方法

(1) 变速箱油及滤芯的更换方法

① 变速箱油位的检查

a. 变速箱加油口位于后车架左侧，应按规定周期检查变速箱油位。检查油位的油尺安装在加油管内（图10-31、图10-32）。

图10-31 变速箱位置

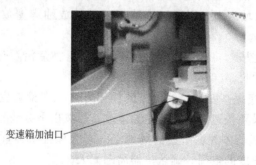

变速箱加油口

图10-32 变速箱加油口

b. 注意事项：检查变速箱油位时，必须分别检查冷车油位和热车油位。变速箱油位偏高或偏低，都会造成变速箱损坏，必须保持变速箱油位在正确的位置。

②检查变速箱冷车油位　在发动机怠速运行，油温不超过40℃状态下检查变速箱油位。沿逆时针方向转动油尺便可将其松开，取出变速箱油尺，用布擦干净上面的油迹，再伸进加油管中直至尽头，然后拔出油尺。此时，变速箱油位应该处于油尺的"COLD"冷油位区（图10-33）。若不够，需补油，直到达到油尺的冷油位区。若油位超过该油位区，勿放油。

图 10-33　油尺

检查冷车油位只是保证检查热车油位时油量充分，保证安全使用。决定油位的最后检查是热车油位检查。

③检查变速箱热车油位（在冷车油位达到要求时进行）　在变速箱油温达到工作油温（80～90℃）时，取出变速箱油尺，用布擦干净上面的油迹，再伸进加油管中直至尽头，然后拔出油尺。此时，变速箱油位应处于油尺的"HOT"热油位区（图10-33）。若不够，需补油，直到达到油尺的热油位区。如果油位在油尺刻度"HOT"区域之上，则通过变速箱底部的放油螺塞放出部分变速箱油。

检查完毕，将油尺插入变速箱加油管，然后沿顺时针方向旋转便可拧紧油尺。

④快速提高变速箱油温度的操作方法　在检查变速箱热车油位时，如果要快速提高变速箱油温度，可按以下方法操作。

a. 将机器停放在平坦的场地上，必须保证机器前后均至少有一个车身长度的空间，确认机器周围无人。

b. 将变速操纵手柄挂空挡，按下停车制动阀按钮，解除停车制动。

c. 将行车制动踏板踩到底。

d. 将变速操纵手柄挂前进 4 挡，此时变矩器处于失速工况，变速箱油温度会迅速升高。

e. 当变速箱油温度达到 80℃ 以上时，再把变速操纵手柄挂空挡，拉起停车制动阀按钮。此时即可检查变速箱热车油位。

⑤ 更换变速箱油　变速箱内油液一方面作为变矩器-变速箱液压系统的工作介质，另一方面还用于变矩器-变速箱中零部件的冷却与润滑，因此变速箱用油的牌号应符合要求，并按规定的换油周期更换变速箱油，否则会缩短变速箱的使用寿命。更换变速箱油的操作步骤如下。

a. 将机器停放在平坦的场地上，变速操纵手柄置于空挡位置，拉起停车制动阀按钮，装上车架固定保险杠，以防止机器移动和转动。

b. 启动发动机并在怠速下运转，在变速箱油温达到工作温度（80～90℃）时，发动机熄火。

c. 拧开变速箱下部后侧的放油螺塞进行排油，并用容器盛接。由于此时变速箱油温度仍较高，因此要穿戴好防护用具，并小心操作，以免造成人身损害（图 10-34、图 10-35）。

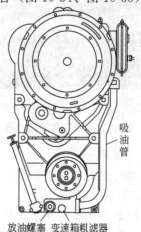

吸油管

放油螺塞　变速箱粗滤器

图 10-34　变速箱放油螺塞

图 10-35　变速箱放油

d. 拧开变矩器油散热器下方的放油螺塞进行放油并用容器盛接，然后拧开变矩器油散热器上方的放气螺塞加快放油速度（图10-36）。

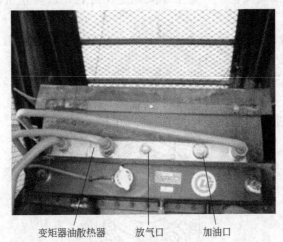

变矩器油散热器　　放气口　　加油口

图 10-36　变矩器油散热器

e. 更换变速箱油细滤器。

f. 拆下变速箱后部右侧的吸油管，即可取出粗滤器。用干净的压缩空气或柴油进行清洗并晾干。

g. 用磁铁清理干净放油螺塞上附着的铁屑，并将磁铁从粗滤器安装口伸进变速箱油盘内，清理内壁的铁屑（图10-37）。

h. 安装好变速箱粗滤器、吸油管、放油螺塞和变矩器油散热

图 10-37 磁铁

器下方的放油螺塞及相应的密封件。

i. 拧开变矩器油散热器上方的加油螺塞，从变矩器油散热器加油口加入干净的变速箱油，在变速箱油充满散热器后，拧好放气螺塞和加油螺塞。

j. 取出变速箱油尺，从变速箱加油管加入干净的变速箱油，直至油尺刻度"HOT"热油位区以上。

k. 启动发动机，并在怠速下运转，同时反复检查油位和补充变速箱油，直到油位到达油尺刻度"COLD"冷油位区以上。在此过程中，变速箱有可能会发出轻微的异响，这是由于变速箱油不足的原因，在添加油到规定的油位后，异响会消失。

l. 在变速箱油位达到工作温度时（80～90℃），再次检查油位，油位应在油尺刻度"HOT"热油位区，如果油不足，需加油；如果油过量，需放掉部分油。

m. 插入油尺，并沿顺时针方向拧紧。

n. 在更换变速箱油前，应注意将停车制动器盖好，以免停车制动器的摩擦片沾上油，降低制动性能。

⑥ 更换变速箱细滤器 变速箱细滤器位于变速箱的右上方，在更换变速箱油时，应同时更换变速箱细滤器。

a. 清理干净变速箱细滤器周围区域。

b. 使用皮带扳手把细滤器从安装座上拆下来。

c. 用干净的布清理安装座上的密封表面。

d. 在新的细滤器的密封垫上涂上一层变速箱油。

e. 把细滤器拧到安装座上直到其密封垫接触到安装座的密封面，再用手拧紧 1/3～1/2 圈（图 10-38）。

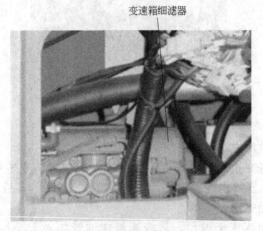

图 10-38　细滤器位置

（2）万向传动装置的保养方法

① 清洗所有零件，并用压缩空气吹净油道孔。

② 各轴承及花键在安装时应涂抹钙基润滑脂。

③ 传动花键轴与套管叉应对准记号装配，使传动轴两端的万向节叉处于同一平面内。

④ 传动轴管上的平衡片，不得随意变动或去掉。

⑤ 各万向节油嘴应在一条直线上，且均朝向传动轴，各油嘴按规定加注润滑脂（图 10-39）。

⑥ 传动轴的连接螺栓不能用其他螺栓代替，且各螺栓的拧紧力矩必须符合规定（图 10-40）。

⑦ 装配后，应对传动轴总成进行动平衡试验，动不平衡量一般不大于 100g·cm。超过规定时，应加焊平衡片进行调整。

（3）更换前、后桥齿轮油方法

① 检查驱动桥油位

a. 将机器开到平坦的场地上，小油门慢慢地移动机器，使前

图 10-39　油嘴加注润滑脂

图 10-40　紧固传动轴螺栓

驱动桥轮边端面的放油口在轮胎的水平轴位置。由于前、后驱动桥的油位刻度线不可能同时处在水平位置，因此前、后驱动桥的油位要分两次来检查。

b. 将变速操纵手柄置于空挡位置，拉起停车制动阀按钮，以防止机器移动。

c. 将驱动桥两侧轮边放油螺塞附近的区域清理干净，拆下放油螺塞观察，驱动桥内部的油位应处在放油口的下边沿。如果油位低于放油口的下边沿，则应添加干净的驱动桥油。加油后应观察5min左右，油位保持稳定即可。

d. 拧上放油螺塞。

e. 按上述操作进行后驱动桥的油位检查（图 10-41～图 10-43）。

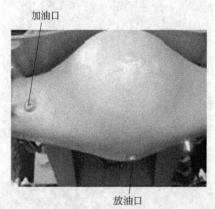

加油口

放油口

图 10-41　放油螺塞

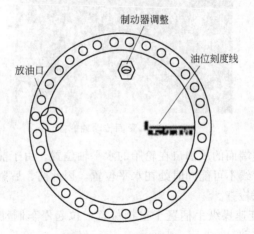

制动器调整

油位刻度线

放油口

图 10-42　油位刻度线

② 更换驱动桥油

a. 先开动机器行驶一段时间，让桥壳内沉淀的杂质充分地悬浮起来。然后将机器开到平坦的场地上，小油门慢慢地移动机器，使前驱动桥轮边端面的放油螺塞处在最低位置。由于前、后驱动桥

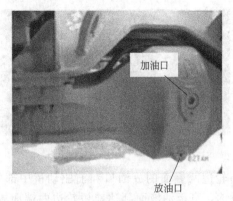

加油口

放油口

图 10-43　放油口

轮边端面的放油螺塞不可能同时处在最低位置，因此前、后驱动桥
要分两次进行换油。

　　b. 发动机熄火，变速操纵手柄置于空挡位置，拉起停车制动
阀按钮，以防止机器移动。

　　c. 拧下前驱动桥轮边两端面的放油螺塞和桥壳中部的放油螺
塞，进行放油，并用容器盛接。

　　d. 拧上前驱动桥中部的放油螺塞（图 10-44、图 10-45）。

注意：拧紧注油孔螺栓，不让异
物（雨、水等）进入驱动桥

图 10-44　放油螺塞位置

　　e. 启动发动机，按下停车制动阀按钮，释放停车制动器。变
速箱挂 1 挡，小油门缓慢移动机器，使前桥轮边端面的放油口在轮
胎的水平轴位置。然后发动机熄火，变速箱挂空挡，拉起停车制动
阀按钮。

图 10-45　拧紧放油螺塞

f. 从前桥轮边两端面的放油口和前驱动桥中部的加油口加入干净的驱动桥油，直至油液面到达前桥轮边两端面放油口下边缘。加油后应观察 5min 左右，油位保持稳定即可。

g. 拧上前驱动桥轮边两端的放油螺塞和前驱动桥中部的加油螺塞。

h. 按上述相似的过程，更换后驱动桥油。

（4）液压系统的维护保养

① 检查液压油油位　液压油箱位于驾驶室右侧，在液压油箱前端有指示液压油油位的液位计（图 10-46、图 10-47）。

图 10-46　液压油箱

检查液压油液位时，应把机器停放在平坦的场地上，把铲斗平放在地面，前、后车架对直无夹角，此时液压油油位应达到液位计的 2/3 刻度处。

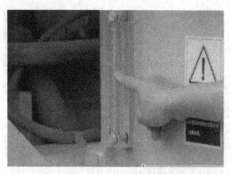

图 10-47 液压油液位计

② 更换液压油 每工作 2000h 或每年应更换液压油一次。由于换油时液压油可能处在较高的温度，因此要穿戴好防护用具，并小心操作，以免造成人身伤害。更换液压油方法如下。

a. 将铲斗中的杂物清除干净，将机器停放在平坦空旷的场地上，变速操纵手柄置于空挡位置，拉起停车制动阀按钮，装上车架固定保险杠。启动发动机并在怠速下运转 10min，其间反复多次进行提升动臂、下降动臂、前倾铲斗、后倾铲斗等动作。

b. 最后，将动臂举升到最高位置，将铲斗后倾到最大位置，发动机熄火。

c. 将先导阀铲斗操纵杆往前推，使铲斗在自重作用下往前翻，排出转斗油缸中的油液；在铲斗转到位后，将先导阀动臂操纵杆往前推，动臂在自重作用下往下降，排出动臂油缸中的油液。

d. 将先导油切断电磁阀开关拨到 OFF 位置。

e. 清理液压油箱下面的放油口 （图 10-48），拧开放油螺塞，排出液压油，并用容器盛接。同时，拧开加油口盖 （图 10-49），加快排油过程。

f. 拆开液压油散热器的进油管 （图 10-50），排干净散热器内残留的液压油。

g. 从液压油箱上拆下液压油回油过滤器顶盖 （图 10-51），取出回油滤芯，更换新滤芯。打开加油口盖，取出加油滤网清洗。

h. 拆下加油口下方的油箱清洗口法兰盖 （图 10-52），用柴油

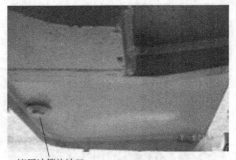

液压油箱放油口

图 10-48　液压油放油口

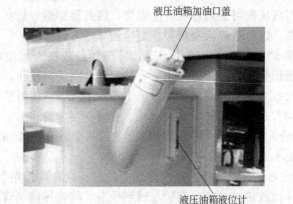

液压油箱加油口盖

液压油箱液位计

图 10-49　液压油加油口

冲洗液压油箱底部及四壁，最后用干净的布擦干。

　　i. 将液压油箱的放油螺塞、回油过滤器及顶盖、加油滤网、油箱清洗口法兰盖、液压油散热器的进油管安装好。

　　j. 拆下液压油散热器上部的回油管（图 10-53），从液压油散热器回油口加入干净的液压油。加满后，装好液压油散热器回油管。

　　k. 从液压油箱的加油口加入干净的液压油，使油位达到液压油液位计的上刻度，拧好加油盖。

从这里拆开

液压油散热器的进油管

图 10-50　散热器进油管

回油过滤器顶盖

图 10-51　回油滤芯盖

液压油箱清洗口法兰盖

图 10-52　液压油箱清洗口法兰盖

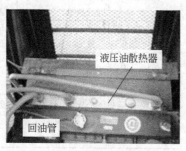

液压油散热器

回油管

图 10-53　散热器回油管

l. 拆除车架固定保险杠，启动发动机。操作先导阀操纵手柄，进行 2～3 次升降动臂和前倾、后倾铲斗以及左右转向到最大角度，使液压油充满油缸、油管。然后在怠速下运行发动机 5min，以便排出系统中的空气。

m. 发动机熄火，打开液压油箱加油盖，添加干净液压油至液压油箱液位计的 2/3 刻度。

如果由于工作条件恶劣，或者液压油受到严重污染而发生变质，如颜色发黑、油液发泡，应及时更换液压油。

(5) 制动液的维护

详见 10.4 节中的有关内容。

(6) 润滑油表

润滑油表见表 10-3。

表 10-3　润滑油表

种类		名称		应用部位
		夏季用油	冬季用油	
润滑脂		二硫化钼锂基润滑脂 3 号或 4 号钙基润滑脂		各滚动轴承、滑动轴承 工作装置销轴、转向缸销轴 车架销及副车架销 传动轴花键、水泵轴等处
变矩器油		SAE15W-40（Mobil 黑霸王 1300）		变矩器、动力换挡变速箱用
液压油		HM68Z 即 N68Z 或 HM68 即 N68 抗 磨液压油	HM46Z 即 N46Z 或 HM46 即 N46 抗 磨液压油	工作装置液压系统及转向 液压系统用
发动机 机油	增压机	DCD40 号机油	DCD30 号机油	柴油机用
	非增压机	ECC40 号机油	ECC30 号机油	
发动机 燃油	北方	一10 号或 0 号轻 柴油	0 号轻柴油	柴油机用
	南方	0 号轻柴油	10 号轻柴油	
齿轮油		85W-90(或 GL-5)重负荷车辆齿轮油		桥内主传动及轮边减速用
刹车油		Shell 壳牌动力施 YB DOT4 刹车及离 合器专用液		制动系统加力器用

10.3.3　装载机电气部分的维护保养方法

(1) 蓄电池电解液的检查

① 蓄电池的使用注意事项　为了使蓄电池经常处于完好状态，延长其使用寿命，应注意以下问题。

a. 拆装、搬运蓄电池时应注意防振，蓄电池在车上应可靠紧固。

b. 每次使用启动机时间不超过 5s，两次使用时间间隔不短于 15s，连续三次启动不成功，应查明原因。

c. 加注电解液应纯净，防止灰尘进入蓄电池内部，经常擦除蓄电池表面的灰尘和脏物，保持加液口塞通气孔的畅通。

d. 清除导线接头及极柱上的腐蚀物，紧固接头，涂保护剂（图10-54）。

e. 定期检查电解液密度和液面高度（见图10-55）。

f. 经常检查蓄电池的放电程度，夏季放电超过 50％，冬季超过 25％时，应及时补充充电。

② 蓄电池技术状态的检查

图 10-54　检查接柱松紧

图 10-55　检查电解液的液位

a. 液面高度的检查　液面高度的检查可用玻璃管测量，电解液应高出极板 10～15mm，如图10-56 所示。对于塑料壳蓄电池，因外壳透明，上面标有最低和最高标志线，可直接观察是否在合适的范围内。电解液不足时应补充蒸馏水。

b. 放电程度的检查　用密度计检查放电程度。首先将密度计气囊内的空气排出，然后将吸管插入加液孔，吸入电解液，使浮

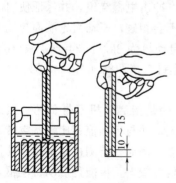

图 10-56　电解液液面高度的检查

子浮起，浮子上的刻度即为密度值。注意：应同时测量电解液温度，并修正到 25℃ 的标准密度，然后求得蓄电池的放电程度。

(2) 发电机工作性能良好，传动带张力符合要求

为了鉴定发电机的检修质量，有条件时应检查发电机空载发电转速及达到额定负载时的转速。试验方法是将发电机装到试验台上，先用蓄电池对发电机进行励磁，提高发电机转速，直至建立电压后向外输出电流。当发电机输出电压达到 14V 时，发电机转速即为空载转速。调节负载电阻，保持输出电压 14V 不变，当电流表指示读数达到额定输出电流时，发电机转速应不大于满载转速。

(3) 发电机调节器工作性能符合要求

检查调节器。先打开调节器盖，用绝缘物将空气间隙抵住，使发动机中速运转。若电流表指示大电流充电，则说明调节电压调整过低，应调大弹簧拉力，以增加调节电压。同时，还应该检查触点是否有油污、烧蚀和电阻是否有断路、连接松脱和接触不良等。

(4) 启动机工作性能良好，调整适当，防尘箍完好

① 驱动齿轮与止推环间隙的调整　直接将引铁推到底，驱动齿轮与止推环间应有一定的间隙，若间隙不当，可抽出销钉，旋松锁紧螺母，转动连接杆进行调整，也可以通过转动拨叉销轴进行调整。

② 驱动齿轮与端盖凸缘距离的调整　为了限制离合器和滑套任意前移，以防止驱动齿轮分离时，冲击电枢绕组，并保证使启动机在自由状态时，驱动齿轮和飞轮不会相碰，驱动齿轮端面与端盖凸缘间规定有一定的距离。321 型启动机为 32.5～34mm，如有不当，可松开锁紧螺母 6，转动限位螺钉 7 来调整（图 10-57）。

③ 启动机的试验

a. 空转试验　启动机的空转试验是指启动机不带负荷，接通电源，测量启动机的空转转速和电流，并与标准值相比较。空转试验主要用于诊断启动机有无机械故障。例如，若测得结果是启动机消耗电流大而转速低，则说明摩擦阻力较大，可能是启动机电枢轴弯曲、轴套损坏而有碰擦现象等故障。其次，也可诊断电路故障，

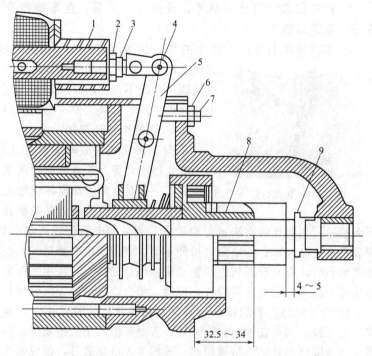

图 10-57　启动机的调整

1—活动引铁；2,6—锁紧螺母；3—连接杆；4—销钉；

5—拨叉；7—限位螺钉；8—驱动齿轮；9—限位环

若耗电和转速均低于标准值，而蓄电池电压正常，则表明导线连接点或内部导线接触不良、换向器接触不良或电刷弹簧弹力过小。此外，空转试验时，电刷不应有火花，电枢运转应平稳，不应有机械刮碰声。试验时间不能超过 1min。

　　b. 全制动试验　　目的在于测出全制动时的电流与转矩，并与标准值比较，以诊断启动机有无电路故障。例如，试验时发现转矩小而电流大，则说明电枢和励磁线圈可能有短路或搭铁故障；若转矩和电流均低于标准值，则说明线路中有接触不良之处。除此以外，全制动试验还可检验离合器是否有打滑。全制动试验每次接通时间不应超过 5s。

（5）各仪表、灯光、信号、开关工作正常，全车线路齐全完好，固定可靠

① 灯光故障与原因

图 10-58　转向灯光

常见的灯光故障有灯不亮、灯光暗淡、忽明忽暗等。主要原因是灯丝烧断，导线松脱、搭铁不良、断路或短路，充电电压调整过高，开关失效（图 10-58）。

② 仪表的维修和调整

a. 常见机油表的故障是读数过大、过小或指针不动等。前者可通过调整校准，后者一般是电热线圈损坏或触点烧蚀，应进行修理。机油表的哪些部分需要调整，可用对比的方法进行检验。若测量的电阻值比规定值低，则表示有短路故障；若电阻表指针不动，则表示已有断路。但在测量传感器时，有时会遇到内部触点未接触好的情况，可用平头金属丝从管口插入，用力压动膜片，使触点闭合，然后再进行测量。

b. 冷却液温度表的读数不准，可从表背后的调整孔中调整齿扇，使指针分别指在 100℃ 和 40℃。若电流值大于上述规定，则证明电热线圈已经烧坏，造成短路。若根本无电流通过，则说明线圈已经断路。无论是短路还是断路，均应进行仿制修复或更换。修复后，还必须检验调整。

c. 燃油表已经使用较久或配换了新的零件，必须进行及时检修和调整。燃油表在实际使用中，常会出现以下故障。

ⅰ. 指针不动。不管存油多少，燃油表的读数总是"0"，或接通点火开关后，指针不动。其原因是燃油表电源线路或燃油表到传感器间的电线搭铁；线圈焊接头断脱或搭铁不良和烧坏，造成断路；燃油表后面接线柱上的导线接反。

ⅱ. 燃油表的读数偏高。不管存油多少，燃油表的读数总是"1"或偏高。其原因是传感器的滑片搭铁线断路，滑片与可变电阻接触不良或断开。上述情况会造成无论浮子在什么位置，线路里的电阻总是很大，等于浮子上升，与可变电阻加入线路时的情况一样，故读数总是"1"或偏高。

ⅲ.读数不准确。主要原因是接线不紧、搭铁不良或传感器的可变电阻有故障，可先从检查接线和搭铁开始，最后可用部件换用对比法来比较，判别旧件有无故障，从而确定是否修理或更换。

③ 保险丝的检查　断路现象为熔丝完好，但接通电路开关后用电设备不工作，其原因是导线接头脱落，连接处接触不良，开关失效，导线折断，搭铁处未搭铁，插头松动或油污等造成电路中无电。可用试灯或万用表进行检查。短路现象是接通开关后，熔丝即烧断。导线有烧焦味，甚至冒烟、烧毁（图 10-59、图 10-60）。

图 10-59　保险丝的检查

图 10-60　电路开关

10.3.4 工作装置的维护保养

主要有铲斗的拆卸、安装；轮胎的损坏、气压的检查和蓄能器的维护。

(1) 铲斗的拆卸和安装

① 铲斗的拆卸 当机器停放在平地上，把安全杆放置在机架上，把铲斗放到地上，关闭发动机，施加停车制动，把楔块放在轮胎下面。把铲斗按下面的方法拆卸。

a. 把铲斗连杆销部分和铲斗销部分的保持架安装螺栓拧松，然后把保持架和垫片卸下（图10-61、图10-62）。

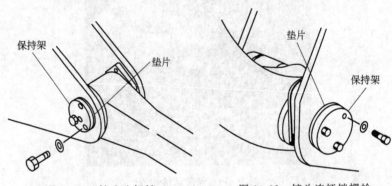

图10-61　铲斗连杆销　　　　图10-62　铲斗连杆销螺栓

b. 把锁紧螺栓拧松，把凸轮卸下（图10-63、图10-64）。

c. 把铲斗连杆吊住，然后把铲斗连杆销拉出。用金属丝把铲斗连杆固定在倾斜杆上（图10-65）。

d. 把铲斗两侧的铲斗铰链销拉出并取下（图10-66）。

e. 把提升臂和铲斗拆开。

② 铲斗的安装

a. 把O形圈放在提升臂凸台的顶部（图10-67）。

b. 在防尘密封环的唇部涂润滑脂。

c. 把铲斗的左、右销孔对准（图10-68）。

d. 选择垫片的数量，使铲斗铰链凸台和提升臂凸台之间的间

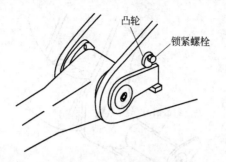

图 10-63　锁紧螺栓

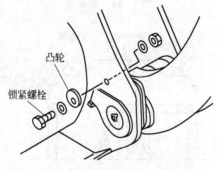

图 10-64　凸轮

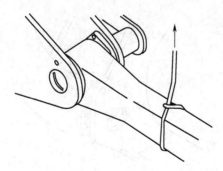

图 10-65　倾斜杆

隙 A 小于 $1.0\sim1.5$mm（图 10-69）。

　　e. 将所选择好的垫片进行装配，把销孔对准，然后将铲斗铰

铰链销

图 10-66　铰链销

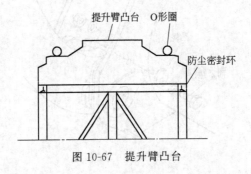

提升臂凸台　　O形圈

防尘密封环

图 10-67　提升臂凸台

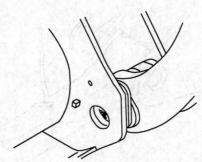

图 10-68　左、右销孔

链销插入。当插入铲斗铰链销时，要涂上润滑脂以防把防尘密封环损坏。使用一个有润滑脂孔的铲斗铰链销（图 10-70）。

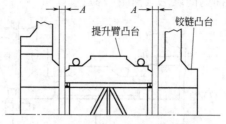

图 10-69　铰链凸台和提升臂凸台

图 10-70　铲斗铰链销

f. 让铲斗铰链销止动块板同铰链板挡块接触，用凸轮固定住（图 10-71）。

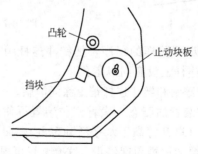

图 10-71　止动块板

g. 把保持架安装到铲斗铰链销上，然后测量保持架端面和铲斗铰链凸台之间的间隙 B（图 10-72）。

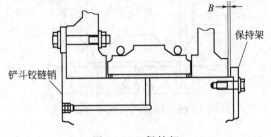

图 10-72　保持架

　　h. 选择垫片数量，使间隙 B 为 0.2mm 或以下，然后加上一个 0.2mm 的垫片，并装配起来（图 10-73）。

　　i. 把 O 形圈推到槽下（图 10-74）。

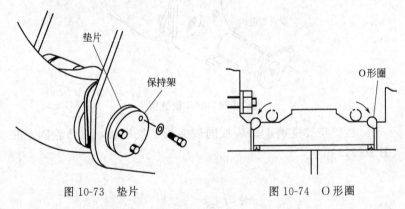

图 10-73　垫片　　　　　　　　图 10-74　O 形圈

　　j. 用与前面步骤同样的程序，把铲斗连杆销安装上。装上一个销子使在铲斗连杆上没有润滑脂孔。

　　k. 在铲斗铰链销和铲斗连杆销上涂润滑脂。

　　③ 调整工作装置的姿态　大臂限位装置可使铲斗自动停止在想要的提升高度（提升臂高于水平活动范围），而铲斗定位器可以使铲斗自动在想要的挖掘角度停止。这套装置可根据工作状况进行调整。

　　注意：将机器停放在平地上，在车轮的前、后放上楔块；施加停车制动,确保安全棒固定好前车架和后车架;在工作装置的控制杆上挂一个警告牌;提升臂上升时人勿走入工作装置的下面。

a. 调整限位装置

ⅰ. 将铲斗提升到想要的高度,把提升臂控制杆置于 HOLD(保持)位置,将控制杆锁住。然后关闭发动机,进行以下调整。

ⅱ. 拧松两个螺栓,调整板,使底部的边缘与防撞开关的传感器表面中心成直线。然后拧紧螺栓,把板的位置固定(图 10-75)。

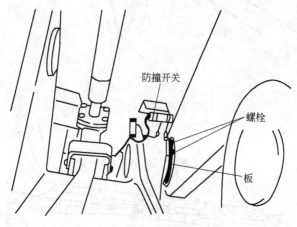

防撞开关

螺栓

板

图 10-75 调整板

ⅲ. 放松两个螺母,使板和防撞开关的传感器表面之间的缝隙为 3～5mm。然后拧紧螺母使其定位(图 10-76)。紧固力矩为(17.2±2.5)N·m。

ⅳ. 调整之后,启动发动机,操作提升臂控制杆。检查在铲斗到达所希望的高度时,操纵杆是否自动返回 HOLD(保持)位置。

b. 调整铲斗定位器

ⅰ. 放低铲斗到地面,将铲斗调整到想要的挖掘角度。把铲斗控制杆置于 HOLD(保持)位置,停止发动机运转。

ⅱ. 拧松两个螺栓,调整防撞开关的安装托架,使角度的后端与开关的传感器表面中心成直线。然后拧紧螺栓,使托架固定住(图 10-77)。

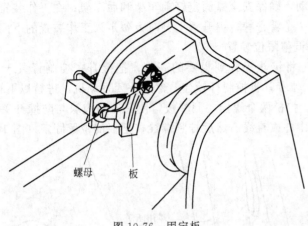

螺母　　板

图 10-76　固定板

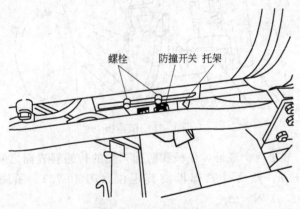

螺栓　　防撞开关　托架

图 10-77　防撞开关

ⅲ．拧松两个螺母，调整棒与防撞开关的传感器表面间的间隙为 3～5mm，然后拧紧螺母，使其定位（图 10-78）。紧固力矩为 $(17.2\pm2.5)\mathrm{N}\cdot\mathrm{m}$。

ⅳ．调整之后，启动发动机，抬高提升臂。将铲斗控制杆置于 DUMP（卸料）位置，然后使其到达 TILT（倾斜）位置，当铲斗到达想要的角度时，检查铲斗控制杆是否自动返回 HOLD（保持）位置。

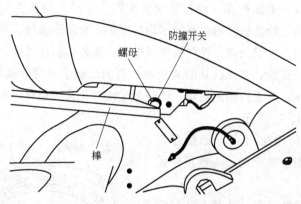

防撞开关

螺母

棒

图 10-78　铲斗传感器位置

c. 铲斗水平指示器　位于铲斗的上方后部的 A 和 B 时水平指示器（图 10-79）。所以在作业时，铲斗的角度可以检查出来。A与切削刃平行，B 与切削刃成 90°

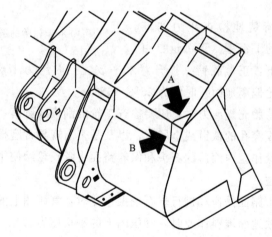

图 10-79　铲斗水平指示器

（2）轮胎的使用

① 轮胎的使用极限　轮胎达到使用极限，就可能发生爆破或出现危险，为保证安全，要更换新的。磨损的使用极限：工程机械

轮胎上所剩下的槽深（约在胎面宽度的 1/4 处）为新轮胎槽深的 15％；当轮胎已显示出明显的不均匀磨损、台阶形磨损或其他不正常的磨损；隔层裸露。损坏的使用极限：当外部损坏已伸展到芯线或芯线已折断；芯线已切断或松弛；轮胎已剥落（有分离的）；轮缘已损坏；对无内胎的轮胎，已经漏气或不正常的修理。轮胎的剖面如图 10-80 所示。

② 轮胎压力　开始操作之前轮胎温度较低时，先测量轮胎压力。

若轮胎充气压力偏低，可能会超负荷；若压力过高，则会造成轮胎破裂和爆炸。为避免上述问题，要根据表 10-4 来调整充气压力。

作为清楚地检查压力的准则，前胎的下沉率（下沉量自由高度）如下：正常载荷（提升臂水平放置）时约为 15％～25％；挖掘（后轮偏离地面）时约为 25％～35％。

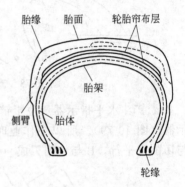

图 10-80　轮胎的剖面

检查轮胎充气压力时，还要检查车轮的刮痕或剥落，检查是否有可能造成穿孔的铁钉或金属片，以及是否出现异常磨损。

清除操作区内滚落的石头和保养路面将延长轮胎使用寿命，提高经济效益。

在正常路面操作和进行岩石挖掘作业时：气压图上的最高点。

在松软地面堆料作业时：气压图上的平均压力。

在沙上作业时（无需很大挖掘力的作业）：气压图上的低点。

若轮胎的下沉量太大，应提高充气压力以获得适当的下沉量。

当机器连续进行载运作业时，针对操作状况选用合适的轮胎，或针对轮胎选择适当的操作条件。否则，轮胎将被损坏。

表 10-4 轮胎充气压力

轮胎尺寸（花纹）	层数	自由高度 /mm	充气压力				从工厂出厂时
			松软地(砂地)		正常地面		
			堆料	挖掘	堆料	挖掘	
35/65-33 (L4 Rock)	30	527	0.29～ 0.34MPa	0.34～ 0.39MPa	0.34～ 0.39MPa	0.34～ 0.39MPa	前胎： 0.39MPa 后胎： 0.34MPa
35/65-33 (L5 Rock)	30	527					
29.5-29 (L4 Rock)	28	553	0.34～ 0.39MPa	0.39～ 0.49MPa	0.39～ 0.49MPa	0.39～ 0.49MPa	前胎： 0.49MPa 后胎： 0.44MPa

(3) 蓄能器的维护

CLG856 制动系统所用的蓄能器（三个）安装于后车架左侧、驾驶室的下方。蓄能器 I 为停车制动回路用蓄能器，蓄能器 II 、III 为行车制动回路用蓄能器（图 10-81、图 10-82）。

图 10-81 蓄能器
1—接蓄能器充气阀；2—放气口；
3—开关；4—接氮气钢瓶

按下述方法检查蓄能器的氮气预充压力。

排气螺塞

图 10-82　蓄能器排气螺塞

①将机器停放在平坦空旷的场地上，将铲斗平放地面，变速操纵手柄置于空挡位置，发动机熄火。然后将启动开关沿顺时针方向转到 1 挡，接通电源。

②连续踩 20 次左右制动踏板，然后连续按下、拉起停车制动电磁阀开关 20 次左右，将蓄能器内的高压油放掉。然后缓慢松开蓄能器下端出油口处的排气螺塞，排除蓄能器内残存的压力油，操作时注意不要让压力油喷射到人身上。

③从蓄能器上端卸下充气阀保护帽。

④将充气工具接氮气瓶的一端用螺塞堵起来，有压力表的另一端接蓄能器上端的充气阀。

⑤打开充气工具上的开关，充气工具内的顶针顶开蓄能器的充气阀，此时压力表上指针应指示读数，指针稳定后，其读数既是蓄能器的氮气预充压力。其值应符合：蓄能器Ⅰ为（9.2±0.05）MPa；蓄能器Ⅱ、Ⅲ为（5.5±0.05）MPa。

⑥如果压力偏低，应补充氮气。

⑦关闭充气工具上的开关，然后从蓄能器上拆下充气工具，装上充气阀保护帽。用机油抹在蓄能器充气阀顶端检查是否漏气，

如果有气泡则说明漏气。用锤子、旋具向下轻敲一下蓄能器内的充气阀，使其先向下，再迅速回位，使其密封面接触完全即可。

⑧ 蓄能器只能使用充气工具充装氮气，严禁充装氧气、压缩空气或其他易燃气体，以避免引起爆炸。

10.4 装载机油料的选择与使用

正确选择和使用装载机油料，对提高装载机使用效率、延长使用寿命至关重要。因此必须了解油料的选择方法，懂得油料的使用常识，以提高装载机的养护质量。

(1) 装载机油料的种类

装载机上所用各种油料主要包括燃料（柴油、汽油、液化石油气）、润滑剂（发动机机油、齿轮油、液力传动油、液压油、润滑脂）、冷却液和制动液四大类。电动装载机所用油料主要包括润滑剂（齿轮油、液压油、润滑脂）和制动等两大类，它们在不同的系统中分别起到不同的重要作用。

(2) 装载机油料的选择与使用

① 燃料

a. 柴油　根据 GB 252—2000《轻柴油》标准，分为 10、5、0、−10、−20、−35 和−50 七种牌号，代号为 RCZ-10、RCZ-5、RC-0、RC-10、RC-20、RC-35、RC-50。装载机用柴油牌号的选择，通常要根据不同的外界气温来选择不同牌号的柴油，并要正确使用。柴油的凝点必须低于使用地区最低气温的 5℃左右，才能保证发动机顺利工作（表 10-5）。

b. 汽油　按用途分为航空汽油和车用汽油。按辛烷值不同分为 RQ-90、RQ-93、RQ-95、RQ-97 等几种牌号。我国在 2000 年 7 月 1 日推广使用无铅汽油，含铅量小于 2.5mg/L 的为无铅汽油。汽油装载机使用车用无铅汽油或车用乙醇汽油。

ⅰ. 汽油的牌号　应根据发动机或装载机说明书推荐的牌号选用。如没有明确推荐，可以根据汽油机的压缩比来选择牌号。压缩比高的汽油机，应使用辛烷值高的汽油，压缩比低的汽油机，应使用辛烷值低的汽油（表 10-6）。

表 10-5　轻柴油的选择与使用注意事项

牌号	适用条件	地区范围	使用注意事项
10 号	适用于有预热设备的柴油机,在夏季或最低气温在 12℃ 以上的地区使用	全国各地 5～8 月份,和长江以南地区 3～11 月份均可使用	① 加注燃油时,必须保证所用器具的清洁,防止燃油被污染
5 号	适用于风险率为 10%,最低气温在 8℃ 以上的地区使用	全国各地区 4～9 月份及长江以南地区全年均可使用	② 柴油加入前,必须经过充分沉淀(一般在仓库必须沉淀 72h 以上,加注前还应沉淀 24h 以上)、过滤、除去杂质
0 号	适用于风险率为 10%,最低气温在 4℃ 以上的地区使用		③ 同一级别、不同牌号的柴油可以掺兑使用,以降低高凝点柴油的凝点,充分利用资源
-10 号	适用于风险率为 10%,最低气温在 -5℃ 以上地区使用	长城以南地区冬季和长江以北、黄河以南地区严冬使用	例如:某地区的最低气温是 -10℃,不能用 -10 号的轻柴油,但用 -20 号的又浪费,此时可以把 -10 号和 -20 号的轻柴油掺兑使用。掺兑后应注意搅拌均匀。但是,柴油中不能掺入汽油
-20 号	适用于风险率为 10%,最低气温在 -14～-5℃ 以上地区使用	长城以北地区冬季和长城以南、黄河以北地区严冬使用	
-35 号	适用于风险率为 10%,最低气温在 -29～-14℃ 以上地区使用	东北、华北、西北严寒地区使用	
-50 号	适用于风险率为 10%,最低气温在 -44～-29℃ 以上地区使用		

表 10-6　装载机汽油牌号的选择

发动机压缩比	汽油牌号	发动机压缩比	汽油牌号
7.0 以下	应选用 90 号车用汽油	8.0 以上	应选用 93 号、95 号或 97 号等高牌号的车用汽油
7.0～8.0 之间	应选用 90 号、93 号车用汽油		

ⅱ. 汽油使用注意事项

• 要使汽油的牌号与发动机的压缩比相匹配。若高压比的发动机选择低牌号的汽油,汽油发动机容易产生爆燃,发动机长时间爆燃,容易造成活塞烧结、活塞环断裂等故障,加速发动机部件的损坏;若低压缩比的发动机选用高牌号的汽油,虽能避免发动机爆燃，但会改变点火时间，造成汽缸内积炭增加，长期使用会减少发动机的使用寿命。

- 对于一些装有三元催化转化装置的装载机应选用无铅汽油，三元催化剂才能不至于中毒失效。
- 发动机长期使用后，爆燃倾向增加，此时应及时维护发动机。如压缩比变了，原牌号汽油不能满足需要，可考虑更换汽油牌号。
- 汽油中不能加入煤油或柴油。
- 发动机在炎热夏季或高原地区使用时易发生气阻现象，应当用绝热材料将汽油泵和输油管隔开，并加强发动机室的通风。如已发生气阻，则要采取降温措施，或者换用饱和蒸气压较低的汽油。

c. 液化石油气　是一种无毒、无色、无味气体，具有辛烷值高、抗爆性好、热值高、储运压力低等优点。装载机发动机使用车用液化石油气，即车用丙烷和丙、丁烷混合物。

② 润滑剂　装载机上使用的润滑剂有发动机机油、齿轮油、液力传动油、液压油和润滑脂。

电动装载机上使用的润滑剂有齿轮油、液压油和润滑脂。

a. 发动机机油　按性能和使用场合分为汽油机机油（S系列：SC、SD、SE、SF、SG、SH等级别）、柴油机机油（C系列：CC、CD、CE、CF-4等级别）。根据100℃运动黏度对春、夏、秋季用油可分为20、30、40、50和60五个牌号；根据润滑油低温最大动力黏度、最低边界泵送温度和100℃时运动黏度可分为0W、5W、10W、15W、20W、25W六个牌号，W为冬季用油。符合一项要求的为单级油，符合两个要求的为多级油。多级油冬夏通用，一年四季不需换油。装载机发动机机油一般都使用多级油。

发动机机油的选择：一是质量等级，如柴油机机油的CD、CF-4、汽油机机油的SF等，根据发动机制造商或工程机械制造商的推荐，以及装载机的使用工况等实际情况，相应提高用油等级；二是黏度等级，应综合考虑发动机工作的环境温度、载荷、磨损状况等（表10-7）。

表 10-7　发动机机油黏度等级选择

黏度等级	适用环境气温/℃	黏度等级	适用环境气温/℃
0W	−35	20W	−15
5W	−30	30	30
10W	−25	40	40
15W	−20	50	50

发动机机油使用应注意的问题如下。

ⅰ. 应根据发动机制造商说明书所规定的要求选择机油，高质量等级的油可以代替低质量等级的油。

ⅱ. 优先使用多级油，多级油具有突出的高、低温性能，如15W/40油等在我国黄河以南地区四季通用。

ⅲ. 要保持曲轴箱通风良好，注意使用中机油的颜色、气味变化，定期检查机油各项性能指标。一旦发现颜色、气味以及性能指标有较大变化，应及时更换机油。

ⅳ. 应采用热机放油方法更换机油，即先运行车辆，然后趁热放出机油，以便使机内的油泥、污物等尽可能地随机油一起排出。

ⅴ. 要勤加少添，油量不足会加速机油的变质，而且会因缺油引起零件的烧损；机油加注过多，不仅会使机油消耗量增大，而且过多的机油易窜入燃烧室内，恶化混合气的燃烧。

ⅵ. 要定期检查清洗机油滤清器，清理油底壳中的脏物和杂物。

ⅶ. 要避免不同牌号的内燃机机油混用，柴油机机油可以代替汽油机机油，但汽油机机油不能代替柴油机机油。

ⅷ. 选购时，应尽可能地购买有影响、有知名度的正规厂家的机油，注意辨别真假，确保机油质量。

b. 齿轮油　装载机用车辆齿轮油主要用于装载机的机械换挡变速器、减速器以及驱动桥等传动机构的润滑。装载机的驱动桥和减速器一般采用重负荷车辆齿轮油，机械换挡变速器可以采用普通车辆齿轮油，但为了减少装载机上油品使用的种类，也可采用重负荷车辆齿轮油。

我国的车辆齿轮油的分类与机油一样，采用美国的 API 车辆齿轮油分类，分为普通、中负荷和重负荷车辆齿轮油三类，主要有70W、75W、80W、85W、90、140、250 七种黏度牌号。W 表示冬季齿轮油。车辆齿轮油的选择包括质量级别和黏度牌号。质量级别根据齿轮类型和工作条件进行选择，黏度牌号根据最低环境温度和传动装置的运行最高温度选择（表 10-8）。

表 10-8 车辆齿轮油的黏度牌号选择与使用

牌号	最低工作温度/℃	适用地区	使用注意事项
75W	−40	黑龙江、内蒙古、新疆等严寒地区	①质量级别较高的齿轮油可以用在要求较低的场合，但过多降级使用在经济上不合算；质量级别较低的齿轮油不能用在要求较高的场合
80W	−26	长江以北冬季最低气温不低于−26℃的寒冷地区	
85W	−12	长江以北及其他冬季最低气温不低于−12℃的寒冷地区	②在满足黏度要求的基础上，尽量使用黏度牌号低的齿轮油。黏度牌号过高，传动效率低，会增加燃料消耗
90	−10	长江流域及其他冬季最低气温不低于−10℃的地区全年使用	③不同品牌的齿轮油不要混用
140	10	南方炎热地区夏用或负荷特别重的车辆	④要注意适时更换齿轮油。换用不同品牌车辆齿轮油时，一定要将原车辆齿轮油趁热放出，并将油箱清洗干净后再加入新油
80W/90	−26	气温在−26℃以上地区冬夏通用	
85W/90	−12	气温在−12℃以上地区冬夏通用	

c. 液力传动油　用于装载机液力变矩器和液力变速器的润滑、动力传递及控制。我国有 6 号液力传动油和 8 号液力传动油两种。选用液力传动油时，应按照装载机使用说明书的规定，选择适当规格的液力传动油。装载机上用得最多的是 6 号液力传动油。

使用液力传动油时应注意如下事项。

i．在使用和储存液力传动油时，要保持油料清洁，严禁混入水分和杂质，以防止油品乳化变质。

ⅱ．液力传动油不能错用，也不能混用。

ⅲ．在装载机使用过程中，要注意油面高度、油质、油温等项目的检查。

ⅳ．及时更换。

d. 液压油　装载机工作装置的动作、转向，甚至部分装载机的制动，都是通过液压传动来实现的。液压油分级方法是用 40℃运动黏度的中间值为黏度牌号，共分为 10、15、22、32、46、68、100、150 八个黏度等级。

ⅰ．装载机用液压油的选用　装载机属重负荷作业工况，适用环境广，温度变化大，液压油所处工作环境的使用温度高，要选择合适的液压油质量等级和黏度牌号，装载机液压油的品种主要选用 L-HM 和 L-HV；装载机用液压油黏度不能过大，也不能过小，选取主要考虑系统压力和使用温度，一般常选择黏度牌号为 32 和 46 的液压油。同时，应依据液压系统的主要元件齿轮泵、液压阀等不加大磨损的最低黏度及装载机停机停放时间较长的最低启动黏度选择。

ⅱ．液压油使用注意事项

• 在使用过程中，要保持液压油的清洁，防止外界杂质、水分等混入。

• 定期或按质换油，防止液压油在使用过程中老化变质，以致发臭、颜色变深变黑、混浊有沉淀。

• 不同品种、不同牌号的液压油不得混合使用。

• 油箱内油液温度不能过高，超过规定温度时应查找原因并排除。

• 换油是清除沉淀物、清洗系统、恢复整个液压系统传动性能的复杂过程。换油时，必须做到：要在清洁无风的环境中进行，以免灰尘进入油液和零件中；对系统进行清洗，以便除去油液劣化生成的锈垢及其他杂质；把管路和元件中的旧油彻底排除干净，以免影响新油的使用寿命。具体步骤如下。

冲洗：首先在旧油中加入冲洗促进剂，启动发动机，使液压装置运转 1h 以上，油温达到 40～60℃时，放出清洗液。

刷洗：在旧油排出后，用柴油、煤油等轻质油料加至油箱1/3容量以上，再次启动发动机使其连续运转0.5h以上，且反复操纵起升和倾斜阀杆。如果是液压转向装载机还应架起转向桥，并左右转动转向盘，待油温达40～60℃时，放出清洗液。

换新油：根据装载机要求的品种和数量，向工作油箱内加入新的液压油，并将油箱上的回油管拆下，接入另一容器中。开动油泵，待整个液压系统都充满新油后，再将回油管接至油箱上。同时向油箱补充新油，使油面不高于油尺上刻线，也不低于油尺下刻线。在运转过程中，仔细观察油泵、油缸、换向阀的工作情况，检查油管及管接头等处有无渗漏现象。至此，换油工作结束。

e. 润滑脂　在装载机上，润滑脂主要用于传动系统、行驶系统、转向系统等有相对运动的销轴部位，如万向节、球头销、轮毂轴承。通常有钙基脂、钠基脂、钙钠基脂、锂基脂和工业凡士林。润滑脂的选择包括对润滑脂品种（即使用性能）和对稠度等级的选择。在叉车上使用的主要有钙基润滑脂（俗称"黄油"）、通用锂基润滑脂两大类，其稠度等级基本上用2级和3级。负载大，选用的稠度等级大；反之，则小。目前，装载机上钙基润滑脂用得越来越少，而锂基润滑脂用得越来越多（表10-9）。

表10-9　常用两种不同润滑脂比较

类型	优点	缺点	应用
钙基润滑脂	耐水性好，遇水不易乳化，容易黏附；在金属表面，胶体安定性好，适用于－10～65℃的温度范围	耐热性差，滴点在80～95℃之间，超过100℃时就失去稠度，在重负荷温度偏高的情况下使用寿命短	渐少
锂基润滑脂	具有良好的抗水性、机械安定性、防锈性和氧化安定性，适用于－60～120℃的温度范围	价格偏高	渐多

润滑脂使用注意事项如下。

ⅰ. 必须按照装载机随机文件要求适时、适量按规定牌号加涂润滑脂。

ⅱ．不同牌号润滑脂不能混用。

ⅲ．在润滑脂的使用和保存过程中，应严防水分、沙尘等外界杂质的侵入，尽量减少润滑脂与空气的接触。

ⅳ．在满足使用要求的情况下，尽量使用低稠度润滑脂，可节约用脂量和动力消耗。

ⅴ．更换润滑脂时，要将轴承洗净擦干。

ⅵ．实行空载润滑，因为满载润滑易造成浪费，温度升高时影响制动效能。

③ 冷却液　是发动机冷却系统的传热介质，具有冷却、防腐、防冻、防垢等作用。由水、防冻剂以及各种添加剂组成，主要有乙醇-水、乙二醇-水、丙三醇-水等类型。我国冷却液按冰点可分为 -25、-30、-35、-40、-45 和 -50 共 6 个牌号。

选择装载机冷却液时，首先要求选择类型，再根据当时冬季最低气温选择适当冰点牌号的冷却液，冰点应至少比最低气温低 $10℃$。装载机冷却液适用范围见表 10-10。

表 10-10　装载机冷却液适用范围

牌号	适用范围
-25 号	在我国一般地区，如长江以北、华北，环境最低气温在 $-15℃$ 以上地区的车辆均可使用
-35 号	在东北、西北大部分地区、华北，环境最低气温在 $-25℃$ 以上的寒冷地区车辆使用
-45 号	在东北、西北、华北，环境最低气温在 $-35℃$ 以上的严寒地区车辆使用

冷却液使用的注意事项如下。

a．应严格按照供应商说明书的比例配置，浓缩液的比例不能过大，如超过 60%，防冻能力会下降，同时也易产生沉淀、变质。

b．配置冷却液时，一定要用软水。

c．要定期检查冷却液的液位高度。冷却液使用中所蒸发的主要是水，发现水少时要及时添加，并进行冰点检查。

d．冷却液有毒，加注时不能用嘴吸，如不慎洒在皮肤上，应迅速用清水冲洗干净。

e. 冷却液既能冬天使用，也能夏天使用，最好全年都使用。

f. 冷却液在正常情况下半年至一年内需更换，如果未到半年至一年就已变质，应及时更换。更换时，要将整个系统清洗干净。

④ 制动液　在液压制动系统中主要起传递能量、散热、防锈、防腐和润滑的作用。制动液分为 JG3、JG4、JG5 或 HZY3、HZY4、HZY5 三个质量级别。在装载机上，最常用的制动液质量级别是 JG3、HZY3 和 JG4、HZY4，在某些制动要求特别高的场合要求使用 JG5、HZY5。装载机制动液的种类与特点见表 10-11。

表 10-11　装载机制动液的种类与特点

种类		优点	缺点	应用
醇型		价格低廉	由润滑剂和溶剂合成,高、低温性能较差,在 −25℃ 以下出现结晶体;沸点较低,在 70℃ 时汽化易产生气阻	装载机液压驱动机构最早使用该类型制动液,现已禁用
矿物油型		低温流动性好,沸点高达 210℃ 以上,能在 −50～150℃ 范围内制动灵活,冬夏季通用	对橡胶皮碗、软管破坏严重,高温容易软化	装载机已停止使用
合成型	醇醚型(中低级)	性能稳定,可在 −53～190℃ 范围内使用	易吸水,且吸水后沸点下降,低温性能差,建议 1～2 年更换新的制动液	装载机全部使用合成制动液
	酯型(中高级)			
	硅油型(高级)			

装载机制动液使用注意事项如下。

a. 选用制动液时，应依据车辆的使用说明书推荐的制动液质量等级、牌号，选择制动液，质量等级不能降低。

b. 不同厂家和牌号的制动液不能混存混用。更换不同厂家和牌号的制动液时，应把整个制动系统的制动液清洗干净。

c. 制动液有一定的毒性，因此一定不能用嘴去吸取制动液。

d. 制动液使用前必须检查，添加、更换制动液，要确保制动液的清洁度，否则会影响装载机的制动性能，如发现白色沉淀、杂质等，应过滤后再用。

e. 制动液在使用过程中会因氧化变质，或吸水导致低温性下降，防锈性变坏，需要适时更换。

f. 灌装制动液的工具、容器必须专用，不得与其他油品混用；不要露天存放，要防止因日晒、雨淋或密封不好等造成的变质。

10.5 检修质量总要求

(1) 驾驶操纵部件的安装要求

① 驾驶室安装端正，位置准确，其位置偏差不超过 3mm。顶棚及支架安装牢固可靠，其高度偏差不超过 15mm。司机座椅调节适当。仪表盘、操纵台安装整齐、牢固。

② 柴油机、散热器安装位置偏差不超过 1.5mm。柴油机在机架上的固定不平度不超过 5mm。发动机罩安装牢固、严密。

③ 各操纵杆及制动踏板安装位置准确无误、动作灵活，各种手柄在各工作位置无碰磨和松动现象。

④ 方向盘安装牢固，直至感觉无轴向窜动，传动灵活，空行程（浮动量）不超过 80mm（按方向盘的圆周长计算）。

⑤ 所有螺栓、垫圈、开口销应齐全有效。柴油机、变速箱等的固定螺栓处均应使用弹簧垫圈和缓冲垫。所有使用弹簧垫圈的螺栓其外露部分不超过 2～3 扣。

⑥ 所有油杯、油嘴应齐全完好并加足油脂。

⑦ 整机喷漆均匀，无剥落、裂纹、起泡、流淌现象。

⑧ 照明设备齐全完好，安装牢固。线路安全可靠，整齐美观。

⑨ 整机总装后，应进行如下空运转与负荷试验。

a. 以各挡位跑合并试制动。以四挡额定最高速度（38km/h）在平直公路上行驶时的制动距离应小于 11m。挂挡准确，转向灵活，制动可靠。

b. 空车跑合 7h 后，各仪表指示数值应符合规定要求。各系统管路、接头、箱体接合面、油封等处应无漏油、漏水、漏气现象。各接合部位的螺栓紧固良好。制动盘、变速箱、桥包等不得有局部过热和杂音现象。气喇叭、指示灯及电气部分工作正常。

c. 铲斗装料试验：在满斗（载重 4t）时，工作 100h 后各部分无异常现象为合格。

（2）前、后车架

① 前车架侧板平行度不超过 2mm。后车架两顺梁的平行度在全长范围内不超过 1mm。

② 转向油缸座孔、动臂油缸座孔的中心线同轴度偏差值不超过 0.8mm。

③ 车架上下两铰接座孔同轴度偏差值不超过 1mm。

④ 摆动架与后车架的同轴度偏差值不超过 1mm。

（3）工作机构

① 工作机构装配后，各传动零件的动作应平稳灵活。

② 动臂两侧平行度偏差在全长范围内不超过 5mm。

③ 铲斗拉杆和摇臂的中心应在同一平面内，其偏差在全长范围内不超过 3mm。

④ 满载的铲斗举升到最高位置达 30min 后，动臂油缸活塞杆对缸体的相对位移不超过 10mm。

（4）柴油机

① 整机的各项性能参数应符合柴油机设备说明书的规定要求。

② 气门间隙（冷机时）为 0.5mm。气门与气门座接触应连续、均匀，接触带宽度一般为 1.2～1.5mm。

③ 轴瓦间隙应在以下范围内：连杆瓦 0.06～0.09mm；曲轴瓦 0.08～0.11mm。

④ 汽缸套装入机体后，内孔的圆度、圆柱度不超过 0.025mm。

⑤ 柴油机正常工作时，机油压力为 0.39～0.46MPa，怠速时不低于 0.1MPa。

（5）液力变矩器及传动齿轮箱

① 变矩器泵轮与涡轮的装配间隙要适当，一般为 0.9～2mm，装配后用手转动输出轴法兰盘，应转动灵活。

② 当变矩器在柴油机固定好后，测量柴油机曲轴的轴向间隙

应在 0.06~0.25mm 之间。

③ 在规定压力下进行变矩器各项试验时，不得有漏油现象。

④ 各传动齿轮的啮合面积，沿齿高不小于 50%，沿齿长不小于 70%。

(6) 变速箱及液控离合器

① 变速箱各齿轮啮合正确，齿轮的轴向位移不超过 1mm，端面摆动偏差不超过 0.15mm。各轴承孔的磨损量不超过 0.1mm。

② 液控离合器主动片与从动片的靠合度不小于 80%，在规定的工作压力 1.2~1.4MPa 下不应打滑。金属密封环的侧向间隙不超过 0.3mm。回位弹簧的自由长度偏差不超过 1mm。

(7) 前、后桥主传动及差速器轮边减速器

① 主、从动螺旋锥齿轮的啮合间隙应保持在 0.2~0.35mm 范围内。主动螺旋锥齿轮轴承的轴向间隙应保持在 0.05~0.1mm 范围内。差速器行星齿轮与半轴齿轮的啮合间隙应为 0.1mm。要保证运转和转弯时均无异响和漏油。

② 轮边减速器各齿轮的啮合面积，沿齿高不小于 45%，沿齿长不小于 70%，装配后用手转动车轮应无卡住现象。

(8) 制动系统

① 空压机要保证在柴油机转速为 2000r/min 时，15min 内压气罐的压力能达到 0.7MPa。

② 气路各部分不得漏气，管路布置整齐可靠。

③ 气路压力应保持在 0.65~0.75MPa，在空压机不排气时，压气罐中的压力应为 0.62~0.7MPa，5min 内压力降不超过 0.01MPa。

④ 手、脚制动装置灵敏可靠。

(9) 液压系统

① 各齿轮油泵

a. 齿轮与外壳的间隙一般为 0.04~0.1mm。齿轮啮合的侧间隙为 0.02~0.03mm，顶间隙为 0.03~0.05mm。轴套间隙一般为 0.03~0.1mm。

b. 油泵装好后用手转动灵活，压力、流量符合规定值。

② 动臂、转斗、转向油缸

a. 油缸圆度、圆柱度均不超过 0.03mm。

b. 活塞杆圆度、圆柱度不超过 0.04mm，直线度在 2m 长内不超过 0.1mm。

③ 各种阀

a. 压力限制阀的柱塞阀阀芯与阀体的配合间隙不超过 0.03mm，球形阀阀芯与阀体的配合间隙不超过 0.15mm。

b. 分配阀、转向阀阀芯的圆度、圆柱度及阀芯分阶处的同轴度不超过 0.01mm，阀与阀体的配合间隙应在 0.01～0.15mm 范围内，且无卡住现象。

c. 快慢方向阀（变速阀、换向阀）阀芯与阀体的配合间隙不超过 0.03mm，装配后应操作灵活，挂挡准确，不跳挡，不漏油。

（10）试车

装载机大修后应按下列步骤进行空运转与负荷试车。

① 空车跑合　以各挡位空车跑合 7h 并要达到下列要求：各仪表的指示数值在规定的合格范围内；各系统管路、接头、油封、箱体接合面等处无漏油、漏水、漏气等现象；各连接部位的螺栓紧固良好；制动盘、变速箱、前后桥包（主传动及差速器）等无局部过热和杂音现象；气喇叭、指示灯及电气部分工作正常；挂挡准确，转向灵活，制动可靠（以四挡最高速度在平直公路上行驶的制动距离不超过 11m）。

② 装料试验　在铲斗装满物料时，动臂举升时间为 6s，降落时间为 4.5s。

③ 工作跑合　装载物料由 50%～70% 直到满斗，工作 100h 后各部件无异常现象。

（11）维修安全注意事项

① 保养、检查、调整工作必须停机进行。

② 用千斤顶把装载机顶起，在下面检修时，必须用枕木把前、后车架垫住，同时手刹车要可靠。

③ 铲斗在举高位置下进行检修作业时，必须用插销、枕木或

支架等将大臂垫住。

④ 拆卸轮胎时必须先放气，注意防止弹簧销拆卸时伤人。

⑤ 轮胎打气时，禁止人站在轮胎的正面，严禁边充气边用手锤轻敲轮胎、钢圈，便之贴合，防止发生伤人事故。

⑥ 检查和保养蓄电池时，严禁金属物件放在蓄电池上，以防止短路，同时防止硫酸溢出伤人。

⑦ 配制电解液时，千万不要先把蒸馏水倒入硫酸中，应把硫酸倒入蒸馏水中，电解液的相对密度应在 1.23～1.28 之间。

⑧ 严禁柴油机在热状态下用水冲洗，同时也严禁用水冲洗电气仪表设备。

⑨ 液压系统及气压系统拆卸（管子或元件）时，应先排除管内压力后才能进行。

第11章
装载机常见故障及排除方法

    装载机在使用过程中，由于多种因素的影响，机构和零部件会产生不同程度的自然松动和磨损，以及积物结垢和机械损坏，从而使机器的技术性能变差。如不及时对其进行必要的保养，不仅使机器的动力性和经济性变坏，甚至还会发生严重的机件损坏和其他事故，给国家、他人和操作者带来损失及危害。为了使机器始终保持完好的技术状况，做到安全、迅速地完成作业任务，杜绝重大事故发生，装载机驾驶员以及相关人员必须懂得和掌握装载机的维护保养及一般常见故障的排除。

    装载机随着使用时间的不断增加，各运动零件会发生正常的自然磨损，在使用保养不当时会引起严重的不正常磨损，以致零件的正常配合关系遭到破坏。另外，零件的变形、腐蚀、紧固件的松动以及有关部位调整不正确，这些都会破坏机器原有的技术状态。当技术状态恶化到一定程度后，便会出现某种程度反常现象或部分零件失去工作能力，使机器不能继续工作，此种现象称为机械故障。

    当机械故障发生后，通过分析、判断以及采取必要的方法找出故障发生的部位及原因，并予以排除，迅速恢复完好的技术状况，称为故障排除。

11.1　故障的判断方法

11.1.1　机械故障的一般现象

（1）工作突变

如发动机突然熄火，启动困难，甚至不能启动，液压执行原件突然变慢等。

（2）声响异常

如发动机敲缸响、气门脚响、液压泵响等。

（3）渗漏现象

如漏水、漏气、漏油等。

（4）过热现象

如发动机过热、液压油过热、液压缸过热等。

（5）油耗增多

如发动机机油被燃烧而消耗；燃油因燃烧不完全而漏掉等。

（6）排气异常

如汽缸上窜机油，废气冒蓝烟；燃料燃烧不彻底，废气冒黑烟等。

（7）气味特殊

如漏洒的机油被发动机烤干，电气线路过载烧焦的气味等。

（8）外观异常

如局部总成件振动严重，液压油缸杆颜色变暗等。

11.1.2　故障诊断的方法

（1）故障简易诊断法

故障简易诊断法又称主观诊断法，是依靠维修人员的视觉、嗅觉、听觉、触觉以及实践经验，辅以简单的仪器对装载机液压系统、液压元件出现的故障进行诊断，具体方法如下。

① 看　观察装载机液压系统、液压元件的真实情况，一般有六看。

一看速度：观察执行元件（液压缸、液压马达等）运行速度有无变化和异常现象。

二看压力：观察液压系统中各测压点的压力值是否达到额定值及有无波动。

三看油液：观察液压油是否清洁、变质；油量是否充足；油液黏度是否符合要求；油液表面是否有泡沫等。

四看泄漏：看液压管道各接头处、阀块接合处、液压缸端盖处、液压泵和液压马达轴端处等是否有渗漏和出现油垢。

五看振动：看液压缸活塞杆及运动机件有无跳动、振动等现象。

六看产品：根据所用液压元件的品牌和加工质量，判断液压系统的工作状态。

② 听　用听觉分辨液压系统的各种声响，一般有四听。

一听冲击声：听液压缸换向时冲击声是否过大；液压缸活塞是否撞击缸底和缸盖；换向阀换向是否撞击端盖等。

二听噪声：听液压泵和液压系统工作时的噪声是否过大；溢流阀等元件是否有啸叫声。

三听泄漏声：听油路板内部是否有细微而连续的声音。

四听敲击声：听液压泵和液压马达运转时是否有敲击声。

③ 摸　用手摸液压元件表面，一般有四摸。

一摸温升：用手摸液压泵和液压马达的外壳、液压油箱外壁和阀体表面，若接触 2s 时感到烫手，一般可认为其温度已超过65℃，应查找原因。

二摸振动：用手摸内有运动零件部件的外壳、管道或油箱，若有高频振动应检查原因。

三摸爬行：当执行元件、特别是控制机构的零件低速运动时，用手摸内有运动零件部件的外壳，感觉是否有爬行现象。

四摸松紧程度：用手摸开关、紧固或连接部分的松紧可靠程度。

④ 闻　用嗅觉判断液压油是否发臭变质，导线及油液是否有烧焦的气味等。

简易诊断法虽然有不依赖于液压系统的参数测试、简单易行的优点，但由于个人的感觉不同、判断能力有差异、实践经验的多少和故障的认识不同，判断结果会存在一定差异。在使用简易诊断法诊断故障有困难时，可通过拆检、测试某些液压元件以进一步确定故障。

（2）故障精密诊断法

精密诊断法，即客观诊断法，是指采用检测仪器和电子计算机系统等对装载机液压元件、液压系统进行定量分析，从而找出故障部位和原因。精密诊断法包括仪器仪表检测法、油液分析法、振动声学法、超声波检测法、计算机诊断专家系统等。

① 仪器仪表检测法　这种诊断法是利用各种仪器仪表测定装载机液压系统、液压元件的各项性能、参数（压力、流量、温度等），将这些数据进行分析、处理，以判断故障所在。该诊断方法可利用被监测的液压装载机上配置的各种仪表，投资少，并且已发展成在线多点自动监测，因此它在技术上是行之有效的。

② 油液分析法　据资料介绍，装载机液压系统的故障约有70%是由油液污染引起的，因而利用各种分析手段来鉴别油液中污染物的成分和含量，可以诊断装载机液压系统故障及液压油污染程度。目前常用的油液分析法包括光谱分析法、铁谱分析法、磁塞检测法和颗粒计数法等。

油液的分析诊断过程，大体上包括如下五个步骤。

a. 采样　从液压油中采集能反映液压系统中各液压元件运行状态的油样。

b. 检测　测定油样中磨损物质的数量和粒度分布。

c. 识别　分析并判断液压油污染程度、液压元件磨损状态、液压系统故障的类型及严重性。

d. 预测　预测处于异常磨损状态的液压元件的寿命和损坏类型。

e. 处理　对液压油的更换时间、液压元件的修理方法和液压系统的维护方式等作出决定。

③ 振动声学法　通过振动声学仪器对液压系统的振动和噪声进行检测，按照振动声学规律识别液压元件的磨损状况及其技术状态，在此基础上诊断故障的原因、部位、程度、性质和发展趋势等。此法适用于所有的液压元件，特别是价值较高的液压泵和液压马达的故障诊断。

④ 超声波检测法　应用超声波技术在液压元件壳体外和管壁

外进行探测，以测量其内部的流量值。常用的方法有回波脉冲法和穿透传输法。

⑤ 计算机诊断专家系统　基于人工智能的计算机诊断系统能模拟故障专家的思维方式，运用已有的故障诊断的理论知识和专家的实践经验，对收集到的液压元件或液压系统故障信息进行推理分析并作出判断。

⑥ 以微处理器或微型计算机为核心的电子控制系统　通常都具有故障自诊断功能，工作过程中，控制器能不断地检测和判断各主要组成元件工作是否正常。一旦发生异常，控制器通常以故障码的形式向驾驶员指示故障部位，从而可方便准确地查出所出现的故障。

(3) 故障诊断的顺序

应在诊断时遵循由外到内、由易到难、由简单到复杂、由个别到一般的原则进行，诊断顺序如下：查阅资料（装载机使用说明书及运行、维修记录等）、了解故障发生前后装载机的工作情况→外部检查→试车观察→内部系统油路布置检查（参照液压系统图）→仪器检查（压力、流量、转速和温度等）→分析、判断→拆检、修理→试车、调整→总结、记录。其中先导系统、溢流阀、过载阀、液压泵及滤油器等为故障率较高的元件，应重点检查。

以上诊断故障的几个方面，不是每一项都全用上，而是根据不同故障具体灵活地运用，但是，进行任何故障的诊断，总是离不开思考和分析推理的。认真对故障进行分析，可以少走弯路，而对故障分析的准确性，却与诊断人员所具备的经验和理论知识的丰富程度有关。

11.2　柴油发动机常见故障及排除方法

本章所指的故障是在柴油机正常使用期内（大修期内），由于使用、润滑、冷却、保养不当而出现的情况。其主要表现是：柴油机不能启动或启动困难；运转时出现不正常的噪声或剧烈振动；柴油机乏力；排气冒白烟、黑烟、蓝烟；柴油机各指示仪表（如机油温度、机油压力等）指示值异常；柴油机有臭味、焦味、烟味等。

出现上述各类情况或故障，依靠对发动机的一般了解和对柴油机特点的认识，以及使用、保养经验，大都分可以自己鉴别出故障的部位及原因，并采取相应的措施排除，个别的则需要在专用的试验设备上或专门的工厂里进行。在判明与排除故障时，一定要认真分析，仔细寻找，反复推敲，按系统由简到繁，切忌乱拆、乱装，否则不但不能排除故障，反而会出现更大、更严重的故障。

最常见的故障大多是：电气方面的接触不良；燃油系统进入空气、漏气或堵塞；机油油量不够或使用不合格的机油；空气滤清器过脏，阻力过大或不洁空气进入柴油机等。如按所列要求和规定去做，即可避免和排除大量的故障隐患。

以下列出了柴油机的一些常见故障和排除方法。

11.2.1 不启动或启动困难

(1) 启动机（柴油机）不转（表 11-1）

表 11-1　启动机（柴油机）不转的原因与排除方法

产生原因	排除方法
①电路接线错误或接触不良	①检查线路并保持良好的接触
②启动按钮损坏或接触不良	②修理或更换启动按钮
③蓄电池电压不足	③重新充电或更换蓄电池
④启动机（电动机、啮合机构和离合机构等）损坏	④修理或更换

(2) 启动困难

① 启动转速低（表 11-2）

表 11-2　启动转速低的原因与排除方法

产生原因	排除方法
①蓄电池电压过低	①重新充电或更换蓄电池
②机油太黏,特别是在冬天使用了黏度大的机油	②按规定更换机油
③在冬季使用燃油不当而析出石蜡,阻塞油路,造成供油不足	③按规定更换燃油
④燃油管路内有空气或泄漏	④用手动输油泵排除空气,并保证管路密封

② 燃油供给故障（可从排气管无烟或仅冒出小股烟识别）（表11-3）

表 11-3　燃油供给故障的原因及排除方法

产生原因	排除方法
①燃油箱缺油或开关未打开	①加油或打开放油开关
②燃油系统油路堵塞	②清洗油路,清洗或更换燃油滤清器
③油路内有空气	③用手动输油泵排除空气,并检查油路中有无漏气处
④输油泵不供油或断续供油	④检查输油泵各阀门及弹簧的弹性,进、出油管接头处是否密封
⑤喷油泵柱塞或出油阀卡死或严重磨损	⑤修理或更换柱塞或出油阀配件
⑥喷油器针阀卡死或喷孔堵塞或雾化不良	⑥清洗、检查或更换喷油器
⑦喷油压力太低	⑦检查并调整喷油压力

③ 汽缸内压缩压力不足（表现为喷油正常但不发火或迟发火,排气管内有柴油）（表11-4）

表 11-4　汽缸内压缩压力不足的原因及排除方法

产生原因	排除方法
①气门漏气	①研磨气门
②气门密封不严,座合面上有积炭	②按规定调整气门间隙
③气门杆在导管中卡死	③用煤油或柴油清洗,必要时更换
④气门弹簧折断	④转动曲轴使活塞在汽缸的上止点后再更换气门弹簧

④ 汽缸体与活塞间漏气（表11-5）

表 11-5　汽缸体与活塞间漏气的原因及排除方法

产生原因	排除方法
①汽缸体或活塞磨损过度	①镗磨或重换汽缸体、活塞
②活塞环磨损使开口间隙增大	②更换活塞环,必要时更换汽缸体
③各活塞环切口位置对口	③重新安装活塞环
④活塞环积炭、咬死或折断	④清洗或更换活塞环

⑤ 汽缸垫漏气（表11-6）

表 11-6　汽缸垫漏气的原因及排除方法

产生原因	排除方法
汽缸垫漏气	按规范拧紧缸体螺钉或更换汽缸垫

11.2.2　柴油机乏力

（1）加大油门后功率不大、转速不高（表 11-7）

表 11-7　加大油门后功率不大、转速不高的原因及排除方法

产生原因	排除方法
①燃油系统进入空气或燃油滤清器阻力过大,流量太小	①排除空气或更换燃油滤清器滤芯
②喷油泵供油不足或柱塞卡住	②修理或更换柱塞配件
③喷油器雾化不良或喷射压力低	③在喷油器试验台上检查喷雾状况与喷射压力并进行调整,必要时更换喷油器

（2）排气温度比正常情况高且烟色浓（表 11-8）

表 11-8　排气温度比正常情况高且烟色浓的原因及排除方法

产生原因	排除方法
①空气滤清器堵塞	①保养或更换空气滤芯
②排气管和涡轮内(增压机型)阻力过大,排气管过长,转弯过急	②排除排气管和涡轮内的积炭或异物,必要时更换排气管,其弯头不能多并有足够的排气截面
③气门间隙不对或气门弹簧折断	③检并调整气门间隙,更换气门弹簧
④配气定时不正确	④检查并调整配气定时
⑤供油提前角不正确	⑤检查并调整供油提前角
⑥压气机(增压机型)与进气管连接处不严	⑥检查并保持密封
⑦压气机(增压机型)内积垢太多	⑦清除
⑧中冷器(增压机型)脏污,流量小,阻力大,空气冷却效果差	⑧清洗

(3) 曲轴箱内废气压力增大或排气管内有柴油（表 11-9）

表 11-9 曲轴箱内废气压力增大或排气管内有柴油的原因及排除方法

产生原因	排除方法
汽缸体与活塞间漏气,汽缸内压缩压力不足,燃烧不好	按"启动困难"的相应方法排除

11.2.3 柴油机声音异常

(1) 柴油机安装不当（表 11-10）

表 11-10 柴油机安装不当的原因及排除方法

产生原因	排除方法
①柴油机安装底架不坚实,支架固定螺钉松动或减振器损坏 ②柴油机曲轴中心线与被驱动机械不同心	①加固底架,按规定拧紧支架固定螺钉或更换减振器 ②检查并重新调整

(2) 零件加工精度或装配不合格（表 11-11）

表 11-11 零件加工精度或装配不合格的原因及排除方法

产生原因	排除方法
①曲轴弯曲变形 ②曲轴组不平衡 ③活塞连杆组不是同一组 ④轴承间隙过大	①修理或更换曲轴 ②检查并重新进行动平衡 ③更换为同一组的活塞连杆组 ④更换轴瓦

(3) 调整不当（表 11-12）

表 11-12 调整不当的原因及排除方法

产生原因	排除方法
①喷油过早。燃烧室内发出有节奏的、清脆的金属敲击声 ②喷油过迟。燃烧室内发出低沉不清晰的敲击声	①检查并按规定调整喷油正时 ②检查并按规定调整喷油正时

続表

产生原因	排除方法
③气门间隙过大。在气门室盖处可听到轻微的金属敲击声(在低速、空载时易听出)	③检查并按规定调整气门间隙
④活塞与气门相碰。在汽缸盖处发出沉重而均匀的、有节奏的敲击声	④检查相碰,调整汽缸余隙和气门间隙

(4) 运动件磨损过大 (表11-13)

表11-13　运动件磨损过大的原因及排除方法

产生原因	排除方法
①气门间隙过大。低速运转时可听到"吧嗒、吧嗒"的轻微金属敲击声	①检查并调整气门间隙
②活塞与汽缸体间隙过大。在汽缸体上都能听到暗哑的强敲击声,在低速或转速变化时更甚	②更换磨损的活塞或汽缸体
③活塞环与环槽间隙过大。在汽缸体上下各处都能听到类似于小锤轻击的声音	③更换活塞环,必要时同时更换活塞
④活塞销与连杆小头铜套间隙过大。在改变柴油机转速,特别是从高转速突然降到低转速时,在汽缸体上都可听到尖锐撞击声	④更换活塞销或连杆小头铜套
⑤连杆轴瓦与连杆轴颈间隙过大。在负荷突然变化时,在曲轴箱附近可听到钝哑的敲击声。无负荷时不明显	⑤立即停机,检查与更换连杆轴瓦
⑥主轴瓦与主轴颈间隙过大。在曲轴箱下部可听到钝哑的敲击声,在高负荷时尤甚	⑥立即停机,检查与更换主轴瓦
⑦齿轮间隙过大。在齿轮室处可听到"嗡嗡"声	⑦检查并调整齿轮间隙,可更换齿轮
⑧增压器轴承磨损,噪声增大	⑧更换轴承

11.2.4　机油压力不正常

(1) 机油压力过高 (表11-14)

表11-14　机油压力过高的原因及排除方法

产生原因	排除方法
①机油滤清器调压弹簧过硬	①更换机油滤清器
②机油过黏或变质	②更换机油

产生原因	排除方法
③外界温度过低	③柴油机充分预热到机油温度达 45℃左右
④主油道或机油管轻微堵塞	④清洗主油道或机油管

（2）机油压力过低（表 11-15）

表 11-15　机油压力过低的原因及排除方法

产生原因	排除方法
①油底壳内机油油面过低或机油过稀	①加注机油或更换合格的机油
②机油泵磨损过度	②修理或更换
③机油泵上的限压阀、滤清器上的安全调压阀调整不当	③检查、调整限压阀，更换机油滤清器
④油管接头松动、漏油	④检查并拧紧
⑤主轴承、连杆轴承、增压轴承(增压机型)磨损过度、间隙过大	⑤检查修理或更换轴承
⑥机油泵内进空气	⑥排除空气

（3）无油压（表 11-16）

表 11-16　无油压的原因及排除方法

产生原因	排除方法
①油压传感器或油压表失灵	①更换
②油道堵塞	②清洗油道并吹净
③机油泵损坏或严重磨损	③更换
④机油泵调压阀失灵或调压弹簧折断	④修理调压阀，更换调压弹簧

11.2.5　排气不正常（表 11-17）

表 11-17　排气不正常的原因及排除方法

产生原因	排除方法
冒黑烟:燃烧不良	
①负荷过大	①减轻负荷或调整喷油泵油量
②喷油过迟,部分燃料在排气管中燃烧	②检查并调整供油提前角

产生原因	排除方法
③喷油器雾化不良,有滴油现象	③清洗喷油泵,调整喷油压力,或更换喷油器
④空气滤清器阻力过大	④保养或更换空气滤清器滤芯
⑤中冷器(增压机型)污染严重	⑤清除灰尘和脏物
⑥燃油质量太差	⑥更换为合格的燃油
⑦气门间隙不正确,气门密封不严	⑦检查并调整气门间隙,消除缺陷,必要时更换气门并研磨
冒白烟:柴油机过冷,燃烧温度低 ①柴油机预热不够或个别缸不燃烧 ②燃油中有水 ③汽缸压缩压力不足 ④喷油器雾化不良,有滴油现象,或喷油压力低	①机油预热到45℃左右再逐渐增大负荷或适当提高转速预热 ②更换燃油 ③按"启动困难"的相应方法排除 ④检查并清洗喷油器,调整喷射压力(在专门的喷油器压力试验台上)
冒蓝烟:机油参与燃烧或机油过量消耗 ①油底壳油面太高,机油窜入汽缸 ②油浴式空气滤清器内机油液面过高 ③活塞环磨损过度或结焦或断裂 ④活塞环相互对口,造成机油窜入汽缸 ⑤活塞与汽缸磨损过度,配缸间隙过大 ⑥空气滤清器效率下降,进气管漏气,长期在低负荷下运转(低于40%标定功率)等	①停车15min后检查油面高度,放出多余机油至规定油面 ②倒掉部分机油,使油面与标记齐平 ③清洗或更换活塞环 ④重新安装活塞环 ⑤更换活塞或汽缸体,配套时选用 ⑥功率要适当,不要长期在低负荷下运转

11.2.6 柴油机工作不稳(表11-18)

表11-18 柴油机工作不稳的原因及排除方法

产生原因	排除方法
转速不稳 ①调速器调速弹簧变形 ②调速器飞锤摆动不灵活、发涩 ③飞锤销孔磨损、松动 ④调速器拨叉固定螺钉松动	①更换 ②拆检修理 ③修理或更换 ④检查并拧紧螺钉

产生原因	排除方法
各缸工作不均匀,有间断爆发现象	
①天气太冷,柴油机预热不够	①中速运转至机油温度达 40～45℃
②燃油系统中有空气	②用手动输油泵排除油路中的空气
③喷油泵各缸供油不一致;个别喷油器质量不好或喷油器针阀卡死;喷油泵个别柱塞卡死;喷油泵个别柱塞弹簧、出油阀弹簧损坏	③检查喷油泵及喷油器;顺序停止各缸喷油,以判定喷油器质量,再清洗、修理或更换;修理或更换柱塞;更换弹簧
④燃油质量不好或油中有水	④清洗油箱、油路,更换为合格燃油
⑤个别汽缸压缩压力不足	⑤按"启动困难"的相应方法排除

11.2.7 柴油机过热或机油温度过高（表 11-19）

表 11-19 柴油机过热或机油温度过高的原因及排除方法

产生原因	排除方法
连接汽缸盖上的温度指示器显示"停"或机油温度过高(应立即停车)	
①汽缸盖和汽缸体散热片表面脏污严重	①清洗散热片,特别是汽缸盖上的垂直散热片
②冷却风短路或冷却风量不够	②防止冷却后的热风重新吸入进气管和风扇内,保持风道通畅
③冷却风扇不转,驱动风扇皮带断裂(FL912/W913机型)或冷却风扇转速太低(B/FIA13F机型)	③更换皮带或检查节温器油阀,必要时取下节温器上的调节垫圈
④喷油器雾化不良	④检查喷油器喷雾状况及喷射压力,必要时更换喷油器
⑤喷油泵油量过大	⑤重新调整喷油泵油量
⑥供油提前角不正确	⑥重新调整供油提前角
⑦机油冷却器冷却通道或油道太脏或局部堵塞	⑦清除污垢,清洗后用压缩空气吹通
⑧柴油机长期超负荷运转	⑧降低负荷
⑨空气滤清器阻力过大	⑨清洗空气滤清器或更换滤芯
⑩废气涡轮增压器压气机脏污(增压机型);中冷器内外脏污(增压机型)	⑩清除污垢
⑪机油容量不足	⑪检查并更换。加机油至标尺规定的油面

11.2.8 柴油机飞车（表 11-20）

表 11-20　柴油机飞车的原因及排除方法

产生原因	排除方法
飞车（转速超过标定转速 110％） 　调速器工作失常，喷油器工作失常。常见现象：油门拉杆卡死在最大位置，喷油泵调速器内机油油面过高，高速限位螺钉松动，喷油泵柱塞弹簧折断，调节齿圈紧固螺钉松动等	用切断供油油管和堵塞进气口的方法立即停车，检查、重换和修理故障处

11.2.9 柴油机突然停车（表 11-21）

表 11-21　柴油机突然停车的原因及排除方法

产生原因	排除方法
①燃油用尽	①添加规定的燃油
②燃油系统进入空气或油管破裂、接头松脱	②排除空气，更换油管，拧紧接头
③燃油中有水	③清洗油箱，更换为合格的燃油
④燃油滤清器堵塞	④检查并清洗，必要时更换滤芯
⑤进气管或空气滤清器堵塞	⑤去除异物，清洗或更换空气滤清器
⑥喷油泵柱塞卡死	⑥修理或更换柱塞配件
⑦喷油泵柱塞弹簧断裂	⑦更换柱塞弹簧
⑧调速器调速弹簧断裂	⑧更换调速弹簧
⑨气门弹簧断裂	⑨更换气门弹簧
⑩气门卡死在气门导管中	⑩用煤油或柴油清洗或更换
⑪主轴承与连杆轴承烧瓦，活塞卡死在汽缸中	⑪修理或更换
⑫机油压力过低，自动停车装置起作用	⑫检查油压过低的原因并排除
⑬风扇皮带断裂（FL912/W913 机型），自动停车装置起作用	⑬更换风扇皮带

11.3　液力变矩器常有的故障与排除

以 C270 系列变矩器为例，在变矩器的出口温度为 $-82.3 \sim 93.3 ℃$ 的情况下，说明变矩器的故障、原因和处理方法。

（1）当柴油机无负荷在 2000r/min 时，变矩器的输出压力低于 0.172MPa（表 11-22）

表 11-22　变矩器输出压力低（柴油机无负荷）的故障原因及排除方法

产生原因	排除方法
①密封件和 O 形密封圈损坏	①拆下变矩器更换密封件
②油泵损坏	②更换新油泵
③安全阀卡死	③清洗和检查阀内弹簧和阀芯

（2）吸油管有空气（表 11-23）

表 11-23　吸油管有空气的原因及排除方法

产生原因	排除方法
①油位过低	①将油加到所需位置
②吸油管连接处进入空气	②检查油管连接处，并拧紧连接部位
③油泵损坏	③更换新油泵

（3）当柴油机有负荷在 2000r/min 时，变矩器的输出压力低于 0.172MPa（表 11-24）

表 11-24　变矩器输出压力低（柴油机有负荷）的故障原因及排除方法

产生原因	排除方法
①油冷却器油管堵塞	①检查冷却器管路和冷却器是否堵塞，清洗或进行更换
②油质密度过大	②检查油质密度，使用所推荐的油
③油温过低	③如果由于天气寒冷使油温过低而引起压力过低，只需变矩器工作一段时间，压力就会上升

（4）变矩器过热（表 11-25）

表 11-25　变矩器过热的原因及排除方法

产生原因	排除方法
①由于冷却器或冷却管路堵塞,使安全阀开启溢流 ②冷却器容量太小 ③油泵已磨损 ④变矩器到变速箱或油底壳的回油管安装不合适	①检查和清洗冷却器和冷却管路,如有必要进行更换 ②更换大容量的冷却器 ③更换新油泵 ④将回油管出口安装在变矩器壳体的最低位置,到油池的回油管必须保持不变的向下倾斜角,使油液利用位差返回油池

（5）变矩器产生噪声（表 11-26）

表 11-26　变矩器产生噪声的原因及排除方法

产生原因	排除方法
①分动箱传动齿轮磨损 ②油泵磨损 ③轴承损坏 ④变矩器驱动齿轮磨损	①进行更换 ②进行更换 ③拆下整套轴承,更换新轴承 ④进行更换

（6）离合器压力过低（表 11-27）

表 11-27　离合器压力过低的原因及排除方法

产生原因	排除方法
①变速箱发生故障 ②轴承磨损 ③调压阀的调压阀芯打开过	①可切断变矩器上调压阀到变矩器的压力油管。如果离合器压力值又返到正常值,则故障发生在变速箱 ②进行更换 ③清洗和检查调压阀是否磨损或卡有脏物,有必要进行更换

（7）离合器压力过高（表 11-28）

表 11-28　离合器压力过高的原因及排除方法

产生原因	排除方法
调压阀的调压阀芯关闭	清洗和检查调压阀是否磨损或卡有脏物，必要时进行更换

（8）变矩器输出功率不足（表 11-29）

表 11-29　变矩器输出功率不足的原因及排除方法

产生原因	排除方法
①发动机匹配不合理	①调整发动机
②发动机失速，低于额定转速	②调整发动机并检查调速器
③变矩器输出压力过低	③参照前述压力过低处理方法
④油液中进入空气	④参照前述压力过高处理方法
⑤油不合适	⑤按规定选油

（9）液力传动油进入飞轮壳体（表 11-30）

表 11-30　液力传动油进入飞轮壳体的原因及排除方法

产生原因	排除方法
①泵轮与泵轮盖之间 O 形密封圈损坏	①进行更换
②隔油盖底板 O 形密封圈损坏	②进行更换
③外壳密封圈损坏	③进行更换

其中，离合器的压力正常值为 1.27～1.54MPa，离合器压力偏差不能超过 0.04MPa，一旦超过就必须检查离合器。测压时必须有两个离合器同时工作。

11.4　动力换挡变速箱的常见故障与排除

变速箱故障有两种类型：机械的和液压的。机械方面的检查有：务必检查所有操纵连杆是否确保正常连接，正确调整所有连接点；检查变速杆的连接杆在变速时有无弯曲与约束、是否妨碍滑阀完全开闭，如果未能获得全开全闭，问题可能出在控制阀盖和阀的组件上。而液压方面的检查有：检查变矩器、变速箱和相关液压系统的压力和额定流量之前，先检查变速箱油位。这时油温应为82.2～93.3℃，绝不能在冷油状态下检查。为了使油温上升到预定值，就必须使设备工作或者使变矩器处于失速工况运转。前者是不现实的，而后者可应用下述方法实现。挂前进和高速挡并进行制动，使发动机加速，油门开启 1/2～3/4。变速器处于失速工况，直至变矩器出口油温达到要求时为止（注意：全油门失速运转时间过长会使变矩器过热）。变速箱常见故障、原因及排除方法如下。

（1）离合器油压过低（表 11-31）

表 11-31　离合器油压过低的原因及排除方法

产生原因	排除方法
①油位低	①加油至正常油位
②离合器压力调节阀芯卡住	②清洗阀芯和阀体
③补油泵损坏严重	③更换补油泵
④离合器轴或活塞密封圈损坏或磨损	④更换密封圈
⑤离合器活塞排放阀卡住	⑤彻底清洗排放阀
⑥变速箱调节阀弹簧损坏	⑥更换调节阀弹簧

（2）变矩器补油泵排量低（表 11-32）

表 11-32　变矩器补油泵排量低的原因及排除方法

产生原因	排除方法
①油位低	①加油至正常位置
②吸油滤网堵塞	②清洗吸油滤网
③油泵进油软管接头漏气或软管破裂	③拧紧所有管接头
④油泵泄漏大	④更换油泵

（3）过热（表 11-33）

表 11-33　过热的原因及排除方法

产生原因	排除方法
①油封磨损	①更换油封
②油泵磨损	②更换油泵
③油位低	③加油至正常油位
④油泵吸油管路进气	④检查油路接头并确保紧固
⑤连续重负荷作业时间长	⑤调整作业时间

(4）变矩器有噪声（表 11-34）

表 11-34　变矩器有噪声的原因及排除方法

产生原因	排除方法
①啮合齿轮磨损	①更换齿轮
②油泵磨损	②更换油泵
③轴承磨损或破损	③必须进行部件解体,以确定更换有故障的轴承

(5）功率不足（表 11-35）

表 11-35　功率不足的原因及排除方法

产生原因	排除方法
①在变矩器失速时发动机转速过低	①转动发动机并检查调速器
②参考"过热"并进行同样检查	②参考"过热"排除故障

(6）离合器泄漏量过大情况下离合器压力过低（表 11-36）

表 11-36　离合器泄漏量过大情况下离合器压力过低的故障原因及排除方法

产生原因	排除方法
①离合器活塞密封圈损坏	①更换密封圈
②离合器放泄阀钢球打开位置被卡住	②彻底清洗放泄阀
③离合器支座密封圈断裂或磨损	③更换密封圈
④变矩器辅助泵流量过低	④增加辅助泵输出流量

(7）变矩器压力过低情况下通过油冷却器流量过低（表 11-37）

表 11-37　变矩器压力过低情况下通过油冷却器流量过低的故障原因及排除方法

产生原因	排除方法
①安全溢流阀弹簧损坏	①更换弹簧
②变矩器溢流阀部分打开	②检查溢流阀钢球座是否损坏
③变矩器内部泄漏过大	③卸下部件解体并重新装配变矩器,更换所有已磨损和损坏的零件
④变速箱离合器的密封圈破裂或磨损	④更换密封圈

(8) 变矩器出口压力较高情况下通过油冷却器的流量过低
（表 11-38）

表 11-38 变矩器出口压力较高情况下通过油冷却
器的流量过低的故障原因及排除方法

产生原因	排除方法
①变速箱润滑压力过低则说明油冷却器阻塞	①冲洗并清洗油冷却器
②油冷却器回油管阻塞	②清理回油管
③如变速箱润滑压力过高则说明变速箱润滑油口阻塞	③检查并清除润滑油管路中阻碍物

11.5 驱动桥的故障与排除

驱动桥的典型故障、原因及排除方法如下。

(1) 漏油（表 11-39）

表 11-39 漏油的原因及排除方法

产生原因	排除方法
①主动锥齿轮油封损坏	①更换
②刚性密封及密封圈损坏	②更换
③螺栓未拧紧	③拧紧螺栓
④采用不合格的油封	④更换
⑤紧固螺栓松动、漏油	⑤紧固螺栓到要求力矩
⑥油封装配时损坏	⑥更换并正确装配
⑦桥的通气塞堵塞,桥内压力增高,各结合面漏油	⑦清洗通气塞

(2) 非正常响声（表 11-40）

表 11-40 非正常响声的原因及排除方法

产生原因	排除方法
①桥内润滑油位太低引起轴承早期损坏 ②差速器间隙过大 ③主动锥齿轮前轴承轴向间隙过大或后轴早期损坏 ④主、从动锥齿轮间隙过大 ⑤从动锥齿轮与差速器壳体连接	经常超载引起,按说明书规定正确调整

(3) 主、从动锥齿轮非正常磨损（表11-41）

表 11-41　主、从动锥齿轮非正常磨损的原因及排除方法

产生原因	排除方法
①润滑油量不足	①加足润滑油
②经常超载	②正确使用
③齿面间隙未调好	③正确调整
④润滑油型号不对	④重选润滑油
⑤桥内进水	⑤定期对桥放水

(4) 后桥过热（表11-42）

表 11-42　后桥过热的原因及排除方法

产生原因	排除方法
①缺油	①加油
②轴承过紧，齿轮、轴承损坏	②重新调整轴承，更换损坏件

(5) 车轮轮毂过热（表11-43）

表 11-43　车轮轮毂过热的原因及排除方法

产生原因	排除方法
轮键轴承缺油或轴承调整过紧	加够油，重新调整轴承

(6) 半轴断裂（表11-44）

表 11-44　半轴断裂的原因及排除方法

产生原因	排除方法
半轴不合格，或过载严重	换合格半轴，正确操作

(7) 输入轴轴承损坏（表11-45）

表 11-45　输入轴轴承损坏的原因及排除方法

产生原因	排除方法
润滑不足，轴承间隙调整不当，调节螺母松动，输入轴产生窜动	加强润滑，正确调整轴承间隙，重新拧紧调整螺母到规定力矩

（8）行星轮轴与齿轮、小主动锥齿轮与十字轴卡住（表 11-46）

表 11-46　行星轮轴与齿轮、小主动锥齿轮与十字轴卡住的原因及排除方法

产生原因	排除方法
操作不当,轮子过度打滑或润滑不良	正确操作,改进润滑

11.6　万向节传动装置的故障与排除

万向节传动装置的故障、原因及处理措施如下。

（1）噪声与振动（表 11-47）

表 11-47　噪声与振动的原因及排除方法

产生原因	排除方法
①传动轴配对法兰（装在变矩器、变速箱、差速器上）变形	①换配对变形的法兰
②传动轴总成失去平衡	②重新平衡
③万向节轴承或传动轴支承轴承损坏	③换轴承
④法兰螺母或十字轴安装螺栓松动	④重新按要求拧紧螺母或螺栓
⑤法兰未对齐	⑤对齐法兰
⑥万向节与滑动花键磨损过大	⑥换万向节与滑动花键
⑦主传动锥齿轮间隙过大,轴承间隙过大	⑦重新调整齿轮间隙、轴承间隙,按规定拧紧螺母

（2）中间支承轴承过热（表 11-48）

表 11-48　中间支承轴承过热的原因及排除方法

产生原因	排除方法
①润滑不足 ②密封件损坏 ③污染 ④安装不对,在轴承和连接的传动轴之间所夹的角太大	安装新的支撑轴承,保证装在正确的垂直与水平平面内,正确润滑

(3) 十字轴或传动轴断裂 (表 11-49)

表 11-49　十字轴或传动轴断裂的原因及排除方法

产生原因	排除方法
①异常高的载荷	①不要超载
②万向节承载能力太小	②校对一下低速齿轮上的最大转矩,若大于万向节承载能力,则要选用合适的万向节尺寸
③运转角过大或运转角不均匀	③测量运转角,如果过大,减少到合理角度
④为不合格品	④换合格的产品

(4) 螺钉松动或断裂 (表 11-50)

表 11-50　螺钉松动或断裂的原因及排除方法

产生原因	排除方法
①螺钉根部磨损	①检查螺钉根部是否磨损
②螺钉未拧紧	②拧紧到规定的力矩
③过大的转角	③减少转角
④螺钉强度不够	④采用 10.9 级以上的高强度螺钉

11.7　制动器的故障与排除

制动系统是车辆必不可少的安全装置,故障现象、原因及排除方法如下。

(1) 浮动油封处漏油 (表 11-51)

表 11-51　浮动油封处漏油的原因及排除方法

产生原因	排除方法
①浮动油封损坏,安装不正确	①检查浮动油封是否损坏(包括橡胶密封),是否安装正确
②浮动油封质量不高	②换浮动油封
③桥壳、制动器壳与空心主轴三者的紧固螺母松动	③重新紧固螺栓到规定的力矩,并用乐泰 262 防松胶防松

(2) 制动力不足（表 11-52）

表 11-52　制动力不足的原因及排除方法

产生原因	排除方法
①制动盘调整不当	①检查制动盘厚度并适当调整制动盘间隙
②制动盘过度磨损	②按规定更换制动盘
③用错制动液或制动液污染	③更换制动波及与其接触的密封环和管路
④制动液泄漏	④更换损坏的密封环
⑤桥过热,导致制动液蒸发(冷却后制动恢复)	⑤接"后桥过热"情况处理

(3) 制动踏板发软（表 11-53）

表 11-53　制动踏板发软的原因及排除方法

产生原因	排除方法
制动管路中有空气	将制动管路排气

(4) 制动失效（表 11-54）

表 11-54　制动失效的原因及排除方法

产生原因	排除方法
①制动间隙调整不当 ②制动盘过度磨损	按照上述相应方法维修

(5) 过热（表 11-55）

表 11-55　过热的原因及排除方法

产生原因	排除方法
①油位不当	①排尽旧油,重新加油至正确油位
②制动盘间隙过小	②重新调整到正确位置
③用错制动液	③使用正确的制动液
④制动踏板未松开	④重新调整制动踏板
⑤制动回油管堵塞	⑤替换回油管

（6）制动压力过低（表 11-56）

表 11-56　制动压力过低的原因及排除方法

产生原因	排除方法
①油泵损坏	①换油泵
②泄漏严重	②消除泄漏
③压力调整不当	③重新调整

11.8　液压系统的故障与排除

　　装载机主要液压系统包括工作机构液压回路、转向回路、制动回路。它们的故障、原因及排除方法如下。

（1）工作机构液压回路故障分析

　　① 举升油缸无动作（表 11-57）

表 11-57　举升油缸无动作的原因及排除方法

产生原因	排除方法
①先导控制回路压力不够或无压力	①检查先导控制回路压力
②不向液压油缸供油或供油不足	②检查油管是否渗漏、油缸密封情况,防止安全阀卡住或设置压力太低
③负载大于额定载荷	③较少负荷

　　② 铲斗油缸动作缓慢或不平稳（表 11-58）

表 11-58　铲斗油缸动作缓慢或不平稳的原因及排除方法

产生原因	排除方法
①油缸供油不足	①按"举升油缸无动作"的故障分析、检查铲斗回路
②油缸密封圈损坏	②更换密封圈,检查引起密封圈损坏的原因并修理;若是因油液污染引起则清洗系统并换油,必要时修理或更换滤油器
③系统阻力大	③检查系统中的发热点(如管路接头处流道太细),必要时更换
④主安全阀或过载阀失灵	④检查并调整开启压力,必要时更换安全阀或过载阀
⑤先导控制回路中减压阀出口压力调整不当	⑤将减压阀出口压力调至要求大小

③ 铲斗油缸或举升油缸动作不稳定或有海绵感（表 11-59）

表 11-59　铲斗油缸或举升油缸动作不稳定或有海绵感的原因及排除方法

产生原因	排除方法
①系统中有空气	①检查油箱油位，检查接头、管道、油缸密封圈等处是否有空气进入，并进行相应处理
②杆弯，油缸变形或活塞有伤痕	②分解、检查和修理油缸

④ 无液压动作（表 11-60）

表 11-60　无液压动作的原因及排除方法

产生原因	排除方法
①油箱油位低	①检查并加油
②铲斗阀上主安全阀调节不当或被卡住或损坏	②检查并重新调节，如损坏则更换阀
③铲斗泵不工作	③检修泵，如有必要则更换

⑤ 举升油缸动作太慢（表 11-61）

表 11-61　举升油缸动作太慢的原因及排除方法

产生原因	排除方法
①供给油缸的油不足	①按"无液压动作"故障分析、检查铲斗回路
②油缸密封件损坏	②更换密封件并检查引起损坏的原因，如果是油污染引起应清洗、更换滤芯
③先导控制回路中压力阀调节不当	③正确调整先导油压
④结构变形，间隙太小，缺乏润滑，举升臂衬套损坏	④检查举升臂的直线度和衬套，必要时进行调节、修理并加润滑油
⑤系统阻力大	⑤检查系统中的发热点（如管路接头处的流道太细），必要时修理或更换
⑥多路阀中主安全阀或过载阀调节不当	⑥检查开启压力，必要时调整或更换安全阀及过载阀

⑥ 举升臂不能放下或不能完全放下（无负载时）（表 11-62）

表 11-62　举升臂不能放下或不能完全放下（无负载时）的原因及排除方法

产生原因	排除方法
①油缸损坏 ②结构变形、间隙太小，缺乏润滑，举升臂衬套损坏	①修理或更换油缸 ②检查举升臂的直线度和衬套，必要时进行调节、修理并加润滑油

⑦ 油缸爬行（表 11-63）

表 11-63　油缸爬行的原因及排除方法

产生原因	排除方法
①管路漏油 ②油缸漏油 ③多路阀损坏	①检查所有管路的接头，必要时更换并拧紧 ②更换密封圈，检查引起密封圈损坏的原因并修理，若是由油污染引起的，则清洗该系统并换油，必要时修理或更换过滤器 ③修理或更换

⑧ 铲斗油缸无动作（表 11-64）

表 11-64　铲斗油缸无动作的原因及排除方法

产生原因	排除方法
①不向油缸供油或供油不足 ②负载超过额定载荷 ③先导控制回路压力阀失效或调节不当	①接"无液压动作"故障分析、检查铲斗回路 ②减少负荷 ③调节压力阀或更换

⑨ 油泵吸不上油或吸油不足（表 11-65）

表 11-65　油泵吸不上油或吸油不足的原因及排除方法

产生原因	排除方法
①油箱中油面过低 ②油的黏度过高 ③进油管太细、太长、阻力大 ④进油管破损漏气	①加油至油面规定高度 ②更换黏度适宜的油液 ③更换油管 ④更换油管

产生原因	排除方法
⑤进油管法兰密封圈损坏	⑤更换新密封圈
⑥进油口或滤网堵塞	⑥清洗滤网,除去堵塞物
⑦泵的旋转方向与发动机不符.	⑦改变泵的转向
⑧从自紧油封处吸入空气	⑧更换损坏的密封

⑩ 油泵压力升不上去（表 11-66）

表 11-66 油泵压力升不上去的原因及排除方法

产生原因	排除方法
①侧板磨损轴向间隙过大,引起泄漏	①更换侧板
②轴承处的密封损坏	②更换新品
③自紧油封损坏	③更换新品
④液压阀的调整压力太低	④重新调整压力
⑤泵的旋转方向与发动机不符	⑤调整转向一致
⑥转速太低	⑥提高转速
⑦压力表开关堵塞	⑦清洗压力表开关

⑪ 油泵产生噪声（表 11-67）

表 11-67 油泵产生噪声的原因及排除方法

产生原因	排除方法
①吸油管或过滤器局部堵塞	①清除污垢,使吸油畅通
②吸油管路吸入空气	②检查接头、密封处是否严密,进行相应处理
③油的黏度过高	③更换适宜的油液
④进油过滤器通流面积过小	④更换适宜的过滤器
⑤泵的转速过高	⑤降低至规定转速
⑥泵轴和发动机轴不同心	⑥重新装配,保持同心

⑫ 油泵严重发热（表 11-68）

表 11-68 油泵严重发热的原因及排除方法

产生原因	排除方法
①轴向间隙过大,或密封环损坏引起内泄漏	①检查修复

产生原因	排除方法
②调压太高,转速太快引起密封环侧板烧坏	②按泵规定的工作条件进行作业,更换损坏件
③过滤器堵塞	③清洗过滤器
④油位过低	④加油

⑬ 油泵产生外泄漏（表 11-69）

表 11-69　油泵产生外泄漏的原因及排除方法

产生原因	排除方法
①油液的黏底太低	①更换黏度适宜的油液
②出油口法兰密封不良	②检查清洗污垢毛刺
③紧固螺钉松动	③拧紧螺钉
④自紧油封损坏	④更换新品
⑤泵体与泵盖间的大密封圈损坏	⑤更换新品

⑭ 多路阀滑阀不能复位及在定位位置不能定位（表 11-70）

表 11-70　多路阀滑阀不能复位及在定位位置不能定位的原因及排除方法

产生原因	排除方法
①复位弹簧变形	①更换复位弹簧
②定位弹簧变形	②更换定位弹簧
③定位套磨损	③更换定位套
④阀体与滑阀之间不清洁	④清洗
⑤阀外操纵机构不灵	⑤调整阀外操纵机构
⑥连接螺栓拧得太紧,使阀体产生变形	⑥重新拧紧螺栓

⑮ 多路阀外泄漏（表 11-71）

表 11-71　多路阀外泄漏的原因及排除方法

产生原因	排除方法
①换向阀体两端 O 形密封圈损坏	更换 O 形密封圈
②各阀体接触面间 O 形密封圈损坏	

⑯ 多路阀安全阀压力不稳定或压力调不上去（表 11-72）

表 11-72   多路阀安全阀压力不稳定或压力调不上去的原因及排除方法

产生原因	排除方法
①调压弹簧变形	①更换调压弹簧
②提动阀磨损	②更换提动阀
③锁紧螺母松动	③拧紧锁紧螺母
④泵有故障	④检修泵

⑰ 多路阀滑阀在中立位置时工作机构明显下沉（表 11-73）

表 11-73   多路阀滑阀在中立位置时工作机构明显下沉的原因及排除方法

产生原因	排除方法
①阀体与滑阀间因磨损间隙增大	①修复或更换滑阀
②滑阀位置没有对中	②使滑阀位置保持中立
③过载阀磨损或被污物卡住	③更换或清洗过载阀
④安全阀压力调得过低	④重调溢流压力
⑤油缸油封损坏	⑤换新油封

⑱ 先导阀控制不灵（表 11-74）

表 11-74   先导阀控制不灵的原因及排除方法

产生原因	排除方法
①控制滑阀卡死或移动不灵	①检查油液清洁度,清洗滑阀、阀孔
②减压弹簧工作异常	②更换弹簧
③控制流量或压力不够	③检查供油系统工作是否正常
④多路阀动作不灵活	④检查油液清洁度,清洗阀体

（2）转向回路故障分析

① 转向控制阀的阀芯不能移动（表 11-75）

表 11-75   转向控制阀的阀芯不能移动的原因及排除方法

产生原因	排除方法
①油液污染	①清洗阀芯、阀体,排出污油,清洗系统,更换油
②阀中有外来物或阀芯损坏	②清洗阀,去除阀芯毛刺或更换阀芯
③因温度偏差引起阀芯卡死	③保持温度在允许范围内
④弹簧损坏	④更换弹簧
⑤在安装期间阀变形	⑤排除引起变形的原因

② 转向操纵不良（表 11-76）

表 11-76　转向操纵不良的原因及排除方法

产生原因	排除方法
①手柄不灵活 ②系统压力过低 ③系统中有空气	①重新安装手柄并修理 ②参考"系统压力太低"的故障分析 ③系统放气

③ 系统压力太低（表 11-77）

表 11-77　系统压力太低的原因及排除方法

产生原因	排除方法
①转向泵磨损或损坏	①修理或更换泵
②转向控制阀中的安全阀压力过低	②重调安全阀压力至要求，必要时修安全阀
③转向控制阀中安全阀被污染卡住不能关死	③清洗后重新装配
④缓冲阀调压过低	④修理或更换
⑤转向控制阀的回油阀体有内部高压泄漏	⑤修理或更换转向控制阀
⑥转向油缸活塞油封泄漏	⑥更新活塞油封

④ 系统压力波动阀门颤振（表 11-78）

表 11-78　系统压力波动阀门颤振的原因及排除方法

产生原因	排除方法
①转向控制中安全阀调节不当 ②安全阀损坏 ③液压油中含有空气 ④油液污染 ⑤油的黏度太高或太低	①调整安全阀 ②更换 ③系统放气 ④清洗阀、换油 ⑤使用推荐的油

⑤ 阀外泄漏（表 11-79）

表 11-79　阀外泄漏的原因及排除方法

产生原因	排除方法
①阀体内部密封圈损坏	①首先拆开并清洗阀,检查密封槽情况,更换密封圈
②阀芯损坏	②更换阀体并查明原因
③用于连接各阀片的螺栓有松动或螺纹损坏,或螺杆拉长变形	③拧紧螺栓或更换

⑥ 转向油缸活塞杆变形（表 11-80）

表 11-80　转向油缸活塞杆变形的原因及排除方法

产生原因	排除方法
①负荷过大	①减少负荷
②油压过高	②调节安全阀油压到规定值
③活塞杆材质不对,活塞杆受到外来力的作用(如地面石块等)	③提高活塞杆材质,清除路面大障碍物

⑦ 慢转时转向困难，快转时达不到规定的转向时间（表 11-81）

表 11-81　慢转时转向困难，快转时达不到规定的转向时间的原因及排除方法

产生原因	排除方法
①油位低,由于软管扭结油压低,油管阻塞	①加到合适油位,检查软管,解除扭结,排除阻塞物或更换软管
②由于活塞油封或活塞杆密封损坏,油缸压力损失,转向阀泄漏,阀体内滑阀配合不紧密	②检查油缸密封,更换油封或密封,检查修理转向阀,更换阀
③油泵损坏	③检查或更换油泵

(3) 制动回路故障分析

① 脚制动系统失灵（表 11-82）

表 11-82　脚制动系统失灵的原因及排除方法

产生原因	排除方法
①脚踏阀阀体与踏板连接处因调节螺栓没有锁死而松动	①重调螺栓至踏板踩到底时的制动压力为 10.5MPa 后将螺母锁死
②脚踏制动阀踏板卡住或断裂	②排除故障,清洗或更换
③脚制动蓄能器预充压力低	③用氮气将蓄能器充压至规定值

② 脚制动只在前轮或后轮起作用（表 11-83）

表 11-83　脚制动只在前轮或后轮起作用的原因及排除方法

产生原因	排除方法
制动回路无压力或压力过低	参见"制动回路无压力或压力低"的故障分析

③ 制动器失效或制动无力（表 11-84）

表 11-84　制动器失效或制动无力的原因及排除方法

产生原因	排除方法
①回路中有空气 ②脚踏制动阀出故障 ③软管或接头漏油 ④回路无压力或压力低	①排出空气 ②检修或更换脚踏制动阀 ③修理或更换 ④参见"制动回路无压力或压力低"的故障分析

④ 制动作用缓慢（表 11-85）

表 11-85　制动作用缓慢的原因及排除方法

产生原因	排除方法
回路无压力或压力低	参见"制动回路无压力或压力低"的故障分析

⑤ 制动回路无压力或压力低（发动机停机时）（表 11-86）

表 11-86　制动回路无压力或压力低（发动机停机时）的原因及排除方法

产生原因	排除方法
泵有故障或磨损	修理或更换泵

⑥ 制动回路无压力或压力低（发动机运转时）（表 11-87）

表 11-87　制动回路无压力或压力低（发动机运转时）的原因及排除方法

产生原因	排除方法
①蓄能器皮囊破裂 ②蓄能器预充压力低	①更换蓄能器或更换皮囊 ②用氮气将蓄能器充压至规定值

⑦ 蓄能器增压周期地反复使蓄能器不能正常卸荷（表 11-88）

表 11-88　蓄能器增压周期地反复使蓄能器不能正常卸荷的原因及排除方法

产生原因	排除方法
①蓄能器和零件泄漏	①检查与修理
②蓄能器充气压力太低	②检查蓄能器充气压力
③蓄能器充气压力太高.	③检查蓄能器充气压力
④到蓄能器的管路被堵塞	④维修管路

⑧ 蓄能器开始增压，但没有达到上限（表 11-89）

表 11-89　蓄能器开始增压，但没有达到上限的原因及排除方法

产生原因	排除方法
①没有油或油箱油面太低	①检查油面
②油泵磨损或有故障	②检查油泵压力和流量
③溢流阀有故障(阀漏或设定值低)	③检查溢流阀
④充液阀出故障	④更换充液阀

⑨ 蓄能器充液时间延长或不能充液（表 11-90）

表 11-90　蓄能器充液时间延长或不能充液的原因及排除方法

产生原因	排除方法
①油箱中无油或油位低	①检查油位
②溢流阀设定值太低	②检查阀的设定值
③油泵磨损或有故障	③检查油泵
④充液阀有故障	④更换充液阀

⑩ 充液阀循环很快（表 11-91）

表 11-91　充液阀循环很快的原因及排除方法

产生原因	排除方法
①蓄能器充气压力太低	①检查充气压力
②蓄能器充气压力太高	②检充充气压力
③蓄能器无充气压力	③检查充气压力
④充液阀有缺陷	④更换充液阀

11.9 电气系统的故障与排除

装载机电气系统可分为柴油装载机电气系统和电动装载机电气系统。

(1) 发电机部分的故障、原因及排除方法

① 蓄电池不充电或充电电流小（表 11-92）

表 11-92 蓄电池不充电或充电电流小的原因及排除方法

产生原因	排除方法
①充电电路断路或接触不良	①找出断点或接触不良点，修复
②蓄电池损坏	②更换新电池
③发电机损坏	③送修理厂修理
④调节器损坏	④更换调节器
⑤皮带松弛	⑤调整皮带紧度

② 发电机指示灯不亮（表 11-93）

表 11-93 发电机指示灯不亮的原因及排除方法

产生原因	排除方法
①小灯泡损坏	①换上新灯泡
②蓄电池无电	②更新充电
③蓄电池损坏	③更换蓄电池
④导线松脱	④重新连接好
⑤调节器损坏	⑤更换调节器
⑥发电机正向二极管短路	⑥送专门修理厂修复
⑦炭刷磨损	⑦更换炭刷
⑧集电环损坏或发电机励磁绕组断路	⑧送专门修理厂修理

③ 发动机高速时指示灯仍然很亮（表 11-94）

表 11-94 发动机高速时指示灯仍然很亮的原因及排除方法

产生原因	排除方法
①导线与搭铁短路	①更换导线或排除短路处
②调节器损坏	②更换调节器
③超电压保护装置损坏或导线接错	③更换超电压保护装置或进行正确接线
④整流器损坏	④修复发电机
⑤皮带打滑或折断	⑤重新调整或更换

（2）启动机部分的故障、原因及排除方法
① 启动机不转动（表 11-95）

表 11-95　启动机不转动的原因及排除方法

产生原因	排除方法
①连接线接触不良	①清洁和旋紧接触点
②启动继电器损坏	②修理或更换启动继电器
③蓄电池充电不足	③检查后充电或更换蓄电池
④电刷接触不良	④清洁电刷接触表面
⑤启动机本身短路	⑤检查后修理

② 启动机可以空转（表 11-96）

表 11-96　启动机可以空转的原因及排除方法

产生原因	排除方法
①轴衬磨损	①调换新的轴衬
②电刷接触不良	②清洁电刷接触表面
③换向器不洁和变毛	③清洁油污及磨光
④线端脱焊	④用松香作焊剂重焊
⑤接触不良	⑤清洁及旋紧接触点
⑥开关接触不良	⑥检查开关
⑦蓄电池充电不足或容量太小	⑦检查后充电或换蓄电池
⑧润滑油天冷凝结	⑧烘暖发动机
⑨离合器机械打滑	⑨修理或换离合器

③ 按钮开关已脱开，齿轮不退回，电机继续带动齿圈旋转（表 11-97）

表 11-97　按钮开关已脱开，出轮不退回，电机继续带动出圈旋转的故障原因及排除方法

产生原因	排除方法
①启动继电器接触点烧牢	①修理或更换启动继电器
②启动机齿轮行程距离未调整好	②重新调整
③开关接触片与接触螺钉烧牢	③修理电磁开关